U0189783

国际时尚设计丛书 · 设计

化妆艺术设计

Art & Makeup

[爱尔兰] 葛芮丽斯 · 阮兰 ◎ 著
范紫薇 ◎ 译

国家一级出版社 中国纺织出版社 全国百佳图书出版单位

内 容 提 要

本书将葛芮丽斯·阮兰从对艺术的萌芽到进入化妆造型领域并获得成功的各个阶段向读者娓娓道来，并将兰所汲取的创作灵感、收获的创作经验以及各具个性特色的化妆造型作品进行了详尽的剖析与细致的呈现，为广大读者们带来极具冲击力的化妆造型视觉盛宴的同时，更为该领域从业者提供了优秀的学习资源。

原文书名 Art & Makeup
原作者名 Lan Nguyen-Grealis

图书在版编目（CIP）数据

化妆艺术设计 /（爱尔兰）葛芮丽斯·阮兰著；范紫薇译. -- 北京：中国纺织出版社，2018.6
（国际时尚设计丛书. 设计）
书名原文：Art & Makeup
ISBN 978-7-5180-4674-4

Ⅰ. ①化… Ⅱ. ①葛… ②范… Ⅲ. ①化妆—造型设计 Ⅳ. ①TS974.12

中国版本图书馆 CIP 数据核字（2018）第 020647 号

策划编辑：孙成成　　责任编辑：陈静杰
责任校对：武凤余　　责任印制：王艳丽

中国纺织出版社出版发行
地址：北京市朝阳区百子湾东里 A407 号楼　邮政编码：100124
销售电话：010—67004422　传真：010—87155801
http://www.c-textilep.com
E-mail: faxing@c-textilep.com
中国纺织出版社天猫旗舰店
官方微博 http://weibo.com/2119887771
北京华联印刷有限公司印刷　各地新华书店经销
2018 年 6 月第 1 版第 1 次印刷
开本：889×1194　1/16　印张：12.5
字数：100 千字　定价：88.00 元

凡购本书，如有缺页、倒页、脱页，由本社图书营销中心调换

前言

Foreword

对于展现潮流趋势和拍摄时尚大片来说，摄影师与化妆师的配合尤为重要。对我而言，我寻找能带给我创造力的艺术家，也会尽可能地给予足够的空间让他们发散思维，从而激发出更多的摄影创作灵感。这不仅仅是一种简单的艺术表现形式，而是一次不同于其他领域的更高艺术层面的想象、理念与创造性的碰撞激荡。

我真的非常幸运，能够和如此优秀的葛芮丽斯·阮兰一同工作。这本书最让我爱不释手的原因是：书中以独特的视角深入剖析葛芮丽斯·阮兰的灵感来源以及创作过程。同时，也提醒着我们：大家总是在不经意间忽略了对传统技艺、艺术文化甚至更广博的事物的关注，但是恰恰是这些事物可以启发我们，为我们带来更多的灵感和触动。所以说：涉猎广泛且了解万象往往能够促使我们在自己的行业、领域中变得更为出色。

——兰金撰

化妆：Kryolan（歌剧魅影）079 号油性彩妆，冰凌凝胶，增稠剂；MAC（魅可）危险女郎色号。（Lady Danger）口红

摄影：卡米尔·桑森（Camille Sanson）

发饰：贾斯汀·史密斯（Justin Smith）

发型：乔斯·齐哈诺（Jose Quijano），TIGI 造型

模特：卡琳娜·怀特（Karina White）

化妆助理：艾丽莎·泰勒（Alexa Taylor）

摄影助理：因迪哥·罗勒（Indigo Rohrer）

目录

Contents

概述

Prologue

早年经历

1980 年 3 月 4 日出生于爱尔兰都柏林的兰，是 1979 年曾被爱尔兰传教士救助的越南人，也是第一批在爱尔兰出生的孩子之一。在兰的父母十几岁的时候，他们决定在当地政府的帮助下定居爱尔兰。兰被取名为阿莲（Ailan），出生在城镇的她一直是处于居无定所的状态，直到在一座因水晶而闻名的小镇——沃特福德安家。兰的父母在镇上的工厂从事蚀刻镜子与切割水晶的工作，这让她从小便耳濡目染精细的工艺制作，成为她之后艺术事业不可或缺的灵感源泉。

兰从小就表现出了极高的绘画天赋，在学校举办的绘画比赛中表现出色。她梦想着成为一位艺术家，但是她却经常被教导，应该选择一份正常的工作，比如医生、律师、教师，甚至是做个音乐家，或者是嫁给一个有钱人，而不是成为艺术家，总之她总是被要求按照传统越南人的理念生活。但是这些教导似乎也正是促使她之后成功的催化剂。

幸运的是，兰的朋友、老师以及周围的人都很认同她的独特天赋，并给予其积极的支持和鼓励。她经常会离开家人，骑车到海边，躺在偌大的天空下，梦想着有一天能获得最终的成功，证明那些不看好她的人都错了。

此后，兰进入一所女子修道院学校进行学习，在那里她认识了特瑞萨修女（Mother Teresa）——是她使兰的世界有很大的改观，她启发兰认识到思想的天马行空。兰想像她的偶像帕勃洛·毕加索（Pablo Picasso）和伦勃朗（Rem brandt van Rijn）一样成为艺术家。所以，她每天出现在学校的时候都打扮得十分精致，有时候头天晚上就细心地做好发型，并且花上好几个小时去琢磨新颖的搭配，准备好第二天的衣服并想好配套的全身造型。她很喜欢看着她的兄弟姐妹打扮成 20 世纪 80 年代最时髦的样

对面页上图及中图：

兰为亚历山大宫“烟花之夜”特别设计的“机械心”；兰所参与的艺术项目，受当地议会委托为灯塔设计的高三米的雕塑。

对面页下图：

1998 年 6 月，兰以雷诺阿（Renoir）、塞尚（Cézanne）以及其他艺术家为灵感设计出的优秀作品。

“我却经常被教导，应该选择一份正常的工作，比如医生、律师、教师，甚至是做个音乐家，或者是嫁给一个有钱人，而不是成为艺术家，总之我总是被要求按照传统越南人的理念而生活。但是这些教导似乎也正是促使我之后成功的催化剂。”

“我的母亲经常给我涂上睫毛膏和口红，尽管我并不喜欢。”

子，并沉浸和享受着他们身上散发出的发胶气味。虽然学校并不允许化妆，但是兰的母亲经常给她画上睫毛膏和口红，尽管兰并不喜欢。

都市生活

1992 年兰搬到了伦敦，这让她感受到了巨大的文化冲击，一切事物都是那么让人震撼而又充满机遇和挑战。艺术，是让兰倍感惬意的一块净土，她经常抓住机会参加额外的绘画课程，多留在学校学习，并且积极传达着艺术的魅力。虽然兰并不确定自己的未来到底会如何，但是在其他人课后去寻找工作的时候，她仍在研习艺术。兰在密德萨斯大学学习艺术设计基础课程，亲身体验摄影、设计、雕塑、面料以及各种艺术门类的不同魅力，兰发现自己对面料艺术非常着迷，于是她前往全球最著名的时装院校——中央圣马丁学院学习服装设计与市场营销。虽然兰热爱艺术，但是这一切一旦成为学业，便不再只是一个爱

相对页上图：

兰的第一份工作，在伦敦时装周上为设计师伯纳德·程德（Bernard Chandran）的时装秀出任造型总监。

相对页下图：

兰最崇拜的前卫设计师——印巴·斯佩克特（Inbar Spector）的造型作品，她总是能进行突破创新，是兰最想合作的设计师。

本页上左右两图：

兰的工作团队，在巴黎为德国版*Cosmopolitan*杂志工作；其中有摄影师史蒂芬·伍德（Steve Wood）。

本页下图：

在巴黎看华伦天奴（Valentino）高订时装秀，由一次性相机拍摄。

相对页上图：

让兰为之骄傲的作品：这是首度与摄影师卡米尔·桑森合作，并运用魅可品牌的造型产品进行创作。

相对页下图：

在“人体模特”主题造型拍摄中，兰第一次使用歌剧魅影品牌的特效化妆产品打造独特前卫的艺术造型。

摄影：罗杰·莫威蒂（Roger Mavity）

本页图：

为时尚设计师斯诺普（Sorapol）在伦敦蛇形画廊举办的2014春夏系列发布打造“人体模特”主题造型。

“我非常着迷于现代生活中真实与虚幻、变化与物质之间的那种混沌难辨，‘人体模特’对我来说恰恰完美隐喻这种虚无的感觉，她们是那么栩栩如生，同时又那么毫无生气。”

——摄影师 罗杰·莫威蒂

好，而是需要付出精力的学习过程。机械化的设计与模式化的裁剪课程让兰感到枯燥。

她更喜欢的是创作的过程而不是涉及数学的模式化设计。虽然不知道自己会有怎样的发展，但是兰还是坚持了三年。

不幸中的万幸

2002年夏天，兰在最后一年的学业中发生了意想不到的事情：一次当她在做毕业设计的过程中离开房间休息的时候，突然听到一声巨响，她跑回去看到——房间整个天花板都坍塌下来，一切都被埋在残垣瓦砾之中，她的所有设计作品都毁了，没有任何言语能够形容她当时绝望的心情。

以自己的方式走下去

兰不得不做公关工作以支付自己的学费，有一次，她偶然得到了一份在伦敦市中心摄影工作室工作的机会。虽然兰起初在工作室只是打杂，充当“买咖啡的女孩”的角色，但进入工作室也使她获得了可以展现化妆造型能力的机会。这只是一切的开始，在一次拍摄中，他们让兰参与其中，她得到一套化妆工具并被允许以自己的方式为工作室的客户进行化妆造型。为打造出让客户满意的妆容，她抛开自己的个性以及想法，以客户的需求为主，完美地完成当天的工作。就这样开始，她在这间工作室工作了三年。

展示机会

真正的机遇直到兰遇到摄影师史蒂芬·伍德时才出现。

相对页上图：

兰的第一组实验性的造型拍摄，运用歌剧魅影品牌的油性彩妆结合泼洒油漆的效果。

摄影：卡米尔·桑森

相对页下图：

兰与时尚界极具影响力的著名涂鸦艺术家艾迪（Edge）合作；模特服装由时尚设计师莎拉·哈森（Shyla Hassan）提供，并由摄影师卡米尔·桑森掌镜拍摄；涂鸦艺术家艾迪将喷漆运用于创作之中，并搭配色彩和背景，而兰则以20世纪20年代的时尚风格来打造模特的造型。

“我为各种各样的客户工作，在我眼中每一份工作都是重要的，只要能够得到锻炼和学习，我宁愿无偿工作。”

他邀请兰一起为一位重要的客户拍摄，兰抓住了这个机会，表现得相当出色，同时得到史蒂芬·伍德的聘请，协助他一起完成伦敦时装周的工作。正是这个机会让兰大开眼界，见识真正的时尚，更亲眼见证时尚行业的变革。

2003年巴黎时装周期间，兰在迪奥（Dior）时装秀的后台遇到正在为模特化妆的传奇造型师派特·麦可格瑞斯（Pat McGrath），因而有机会观摩学习派特以精湛的技艺为超模艾莉克·慧克（Alek Wek）打造经典的“水晶红唇”造型，这次近距离接触的机会对于兰来说是一个重大的转折点。

兰很快就学会在后台的礼仪——谨慎，与设计师和参与的团队互相尊重、配合，使整场时装秀得以顺利进行。兰知道自己在后台找到了一席之地，这让她第一次感受到深切的归属感。在三年的时间里，兰穿梭于纽约、米兰、巴黎和伦敦的各大时装周，历经很多季的时装发布，同摄影师史蒂芬·伍德以及他的团队和策划人共事。她的工作包括面试模特，与媒体周旋，为杂志编辑图片以及争取更好的摄影位置。

在兰的工作经历中遇到不少时尚界的精英，如已故的亚历山大·麦昆（Alexander McQueen）、丹尼斯·霍珀（Dennis Hopper）以及汤姆·福特（Tom Ford）等。在为*Vogue*杂志工作的那段时间里，她有时在和著名的摄影师马里奥·泰丝蒂诺（Mario Testino）进行拍摄，有时在和夏奇（Shaggy）、帕里斯·希尔顿（Paris Hillton）或者安德烈·莱昂·塔利（Andre Leon Talley）访谈。兰很希望能重回那段时光，如果她现在知道肯定会很好地利用那段时间和机会，但是当时的她还是太年轻和天真。兰在见到欧普拉（Oprah）和第一夫人的时候太激动，这一直是她的一个秘密，她一直很庆幸能得到那样的机会。

独自奋斗

决定去做自由职业对兰来说是一个艰难的决定，因为她没有化妆助理的经验，也没有人对她进行专业的指导，更不用说没有稳定的工作和资金的保证。兰经历无数次的敲门拜访，无数的虚假承诺，只为可以得到一个工作的电话，那是一段让人万分沮丧的日子。她曾想过这一切对于自己是否毫无意义，但是内心深处还是决定要继续坚持下去。一些她信任的化妆师朋友也鼓励她继续努力，所以，

兰运用动态的形式结合歌剧魅影的粉末状色彩颜料进行拍摄。她让模特从手中扬洒出粉色的细末颜料，打造出色彩在衣裙与身形间流动的美感。

只要是能提升化妆工作经验的工作兰都会接受，从那时起她便慢慢积累一定的影响力。

兰尝试过与很多新锐摄影师进行合作，作品也越来越惊艳。她为各种各样的客户工作，在她眼中每一份工作都是重要的，只要能够得到锻炼和学习，她宁愿无偿工作。有时就像往常一样进行拍摄，或者只是为好玩而进行一些尝试性的拍摄，但是往往却收获意想不到的效果。

重大突破

一个偶然的机会，兰与另一位化妆师，共同完成的创意效果图使她们成功得到一份工作协议。这份工作让她们有机会与著名的发型师特孚·索彼（Trevor Sorbie）一同为L'Oreal（欧莱雅）50周年大秀进行造型设计。这次工作机会开启兰为秀场设计造型的“工作之旅”，也让她有更多的进步，获得更多的工作机会，并能与发型协会的精英共事。这些经历让兰有更多的自信，也让她能够在时装周的重要大秀的造型工作中独当一面。

随着时间的推移，兰认为是时候为自己的职业选择做打算，因此，她开始制作作品集来呈现自己从业以来的创意理念。她与摄影师卡米尔·桑森共同合作，翻开她生活的“新篇章”。她不再是炫耀自己能做出哪些造型，而是将艺术以最直接、永恒的形式展现出来。

树立自己的风格

经历了七年毫不停歇的工作，兰给自己安排了一个假期，这时候她才意识到自己在艺术的道路上走了很远。所有的工作时间都投入到销售、时尚摄影和婚礼造型上，这让她突然意识到自己还有很多东西需要实现。发展建立合作团队使她的工作有新的希望，与优秀的团队一同工作让

“我认为爱是我事业与灵感的支柱，生活中的一切都是美好的。”

兰创作出更多让人惊叹的作品。虽然时间飞逝，但是兰仍清楚地记得一位资深公关所建议的一番话：

“你是我见过的最具技艺的艺术家，但是没有名人和公关的扶持，你将像掉入海中的针一样销声匿迹。”因此，兰开始突破所谓的领域界限，努力成为一个社会艺术家，网络的运用也使得她与客户的联系更为紧密。幸运的是她遇到和自己很投缘的著名造型师卡尔·威利（Karl Willet），他们将共同的愿景转化为富有意蕴的美丽画面。卡尔·威利也将兰介绍给自己的重要客户，这让她有接连不断的合作机会，让她的事业进入一个全新的阶段。和这些优秀的名人合作不仅拓宽兰的工作领域，也打开她的眼界，更让她感受到造型艺术不可言说的一面。作为一个化妆师，需要了解、理解客户的需求和隐私，同时又要将自己最好的创造能力展现出来，对兰来说这是这份工作最值得挑战的地方。

化妆对兰的意义

化妆的意义在兰的眼中从未改变。她坚信当你看起来很美的时候正是你感觉最好的时刻！当你对自己满意的时候自然会流露出自信的笑容。在年轻人与自己的肌肤问题抗争的时候，化妆往往给她们带来安全感和自信。这就是为什么很多年轻人经常变换不同的造型，化妆是一件很有乐趣的事情，化妆带来的自信正是美丽的所在。化妆造型时刻伴随着我们，从现实生活到时尚杂志再到戏剧表演、电影、电视剧，化妆都是生活中重要的一部分。兰很荣幸可以用化妆的方式去展现她心中的艺术，同时，她也希望大家会喜欢她的书，能从中得到启发。

兰受*M*杂志的委托，运用 Makeup store（化妆小铺）品牌的产品化妆造型，拍摄音乐主题大片。

摄影：卡米尔·桑森

第一章

Chapter One

美的艺术

The Art of Beauty

第一节　画家

巴洛克，印象派，立体主义，现代主义，波普艺术，表现主义

“对绘画来说，我想要营造一种情感的联系，就像我们每个人内心中都有对艺术的领悟，需要我们放飞自己的想象。”

帕勃洛·毕加索 1937 年创作的画布油画《朵拉的肖像》，画作尺寸 92cm×65cm，现收藏于巴黎毕加索博物馆。

"没有情感的绘画毫无意义。"

——伦勃朗（1606—1669）

相对页图：

运用MAC品牌漆粉打造结构主义造型，使用青铜色眼影。

塑形美体：丹尼尔·桑德勒（Daniel Sandler）

摄影：卡米尔·桑森

发型：戴安娜·摩尔（Diana Moar），使用了美国秀发新宠品牌产品

造型：卡尔·威利

帽饰及珠宝：斯诺普

模特：乔伊（Joy），吉玛（Gemma），佐伊·班克斯（Zoe Banks）

化妆助理：洛恩·阮（Loan Nguyen）

摄影助理：因迪哥·罗勒

造型助理：阿黛拉·佩特兰（Adele Pentland）

巴洛克

Baroque

由巴洛克时期荷兰画家、蚀刻家伦勃朗创作的肖像就像深邃神秘的钻石宝藏一般充满魅力。他运用明暗对比（chiaroscuro）的绘画技巧呈现出像昏暗的洞穴中零星散布着微光般的梦幻情景。"chiaroscuro"一词中，"chiaro"代表着纯净、明亮，而"oscuro"则代表着朦胧、沉暗。两种不同的色彩巧妙呼应、细腻渐变，体现出微妙的表现力。兰反复研习这种技巧，钻研伦勃朗的绘画技艺，并将这种技法运用到自己的创作中，她很热衷于逐渐深入刻画层次的过程。

伦勃朗以善用简单的色彩而著称，这影响着之后各个时期的艺术家。爱德华·蒙克（Edvard Munch）曾这样评论："与米开朗基罗（Michelangelo）和伦勃朗一样，相对于色彩的运用来说，我更喜欢线条的变化。"在本书中所呈现的造型作品中，兰选用大地色系的饱和色来表现色彩的深度，调和出色彩的层层变化，并用纯白色进行提亮。在她创作的造型中，模特富有光感、硬朗的轮廓造型就是运用明暗对比的技巧，以暗色调的化妆笔触体现出强烈的对比度。兰打造的妆容就像伦勃朗创作的肖像画一样，用直线条的高光打亮模特的鼻子，以其他色调夸张地展现出暗色与光亮的过渡。理解和感悟伦勃朗的画作对她的化妆技巧提升起到至关重要的作用。

"色彩是让我一生热爱而纠结的痴迷。"

——克劳德·莫奈（Claude Monet）（1840—1926）

印象派

Impressionism

克劳德·莫奈在当时那个年代脱离传统的画法，展现出具有开创性的新时代作品，这即便是在今天也是难以想象的创新。他在1874年便与同时期的埃德加·德加（Edgar Degas），爱德华·马奈（Edouard Manet），卡米耶·毕沙罗（Camille Pissarro）以及彼埃尔-奥古斯特·雷诺阿（Pierre-Auguste Renoir）等大师出名在画界，但他的作品并未得到广泛的认可。他在1872年创作的印象派作品——《日出·印象》，由于潇洒的绘画效果以及随意的笔触而不被接受。此外他的作品脱离原始的油画布进行创作，这种画法在19世纪的巴黎，显然是极具颠覆性的创举。陶醉于莫奈作品与众不同的艺术家们为其作品命名为"印象派"，莫奈的作品善于捕捉生活中的点滴，着重表现光影的变化以及四季的更迭。

印象派画法最重要的是领悟光影对物体颜色的影响以及颜色是如何交融于一体。将这种技法运用于化妆中就是将光、结构与化妆品结合来展现出模特的魅力。

抛开绘画的局限，莫奈经常一直画同一个主题，1910—1920年间他经常会画吉维尼花园池塘中的睡莲，将睡莲每天不同时段的姿态以及从不同视角看到的造型都刻画出来。

在本书中最终呈现的作品中，兰希望可以捕捉到高光在模特皮肤上呈现出的光感瞬间。她将串珠和色彩随意地搭配在妆容中，让它们出现在自然恰当的位置，表现出自由而神秘的魅惑气息。照片中的头饰突出了眼部的色彩及质感，这样的效果就像莫奈著名的作品《睡莲》中不羁的笔触一样。但是，兰就像莫奈一样是有点懊悔，莫奈曾说："我创作了很多画作，但是我并没有创造奇迹。"

相对页图：

化妆：kyrolan supracolor 闪亮彩盘，supracolor interferenz 彩盘；串珠装饰

摄影：卡米尔·桑森

头饰：贾斯汀·史密斯

模特：莱拉（Leila）

“每个人心中都有着温暖的火炉，但是从未有人来感受它的温暖，路人只是远远地看着烟囱余烟袅袅，便匆匆路过。”

——文森特·梵高（Vincent van Gogh）（1853—1890）

兰年轻的时候就很想成为像梵高一样的艺术家，对于梵高来说最悲惨的莫过于直到他死后才真正成名。大众都称梵高为荷兰著名的画家，梵高曾经深陷精神困扰，之后他以自杀的方式悲剧性地结束自己短暂的生命，年仅 37 岁。但是，也许就是这份内心的阴暗促就他的创作天赋。1886 年梵高搬到巴黎，并在绘画技巧上融入印象派，此后梵高发展出后印象派主义——以扭曲的笔触表达绘画的效果与意境，运用并不常见的、如臆想般的色彩进行创作。

与莫奈的作品相比，梵高的绘画作品充满丰富的情感，具有强烈的表现形式，更具节奏性。他的笔触兼具流动性与张力的效果。兰把这种独特的技巧带入自己的妆容创作中，将光线与细腻的笔触以及写意般的串珠相结合，极具视觉冲击力。添加的头饰与涟漪般点缀其间的柔软蕾丝以及黑色珍珠相呼应，使造型作品更具神秘感与阴暗感，更进一步增强色彩的生动性。

化妆：kryolan supracolor 24 色彩盘，假睫毛；串珠装饰
摄影：卡米尔·桑森
头饰：贾斯汀·史密斯
模特：莱拉

“为什么艺术不能是美的？这个世界已经够糟糕。”

——彼埃尔－奥古斯特·雷诺阿（1841—1919）

图中的化妆作品正是以法国著名画家、印象派画法的引领者——彼埃尔－奥古斯特·雷诺阿的作品为灵感。他的作品中闪烁着光芒，将顿挫的笔触与简单的纯色大胆结合。在对雷诺阿作品的研究中，兰总能感受到他对美的赞颂以及对女性魅力的推崇。这次的造型作品展现着兰自由洒脱的化妆方式以及生动而具有饱和度的色彩选择。雷诺阿的作品极具律动性，他运用光影刻画出人物与场景细节以及与周围环境的融合。

化妆：Kryolan 光灿粉装慕丝，光影塑形三效遮瑕白色，supracolor 晨辉眼影盘（Dibar Dublin 色号），微光金修容，眼唇修容笔、晨辉彩盘，HD 无时限眼线膏，金叶子装饰

摄影：卡米尔·桑森

发型：戴安娜·摩尔

造型：卡尔·威利

帽饰：Sorapol

模特：克劳迪娅（Claudia）

“为什么用这两种色彩进行相互搭配能够达到像旋律一样自然的效果？能解释原因吗？并不能，这就像有人永远都学不会绘画一样无法解释。”

——帕勃洛·毕加索（Pablo Picasso）（1881—1973）

立体主义

Cubism

在每一幅毕加索所创作的立体画派作品中都体现许多不同的平面与角度。毕加索是西班牙人，定居于法国，他不仅是位画家，更是位雕塑家、版画家、陶艺家、舞台设计师、诗人和剧作家。 他是一位对艺术与女性同样充满激情的男人，也是一位花花公子。众所周知，在他的一生中有七位重要的女性，其中两位结束了自己的生命，两位陷入精神的困扰，一位在他与别的女人在一起的时候死于肺结核。在他看来，世界上只有两种女人：女神和受气包。

毕加索受到强烈的利比里亚风格的影响，因此在他的画布上闪耀着灿烂的色彩。毕加索是兰最热爱的画家之一，他出神入化的用色技巧以及他将和谐与混沌完美的平衡融合都是让兰为之着迷的地方。兰以毕加索 1937 年的作品《哭泣的女人》为灵感来诠释自己的造型作品，在毕加索的画中有一种强烈的压抑情绪和极尽边缘的悲伤情绪，这幅画中人物的就是毕加索的情人、灵感缪斯——朵拉·摩尔（Dora Maar）。受过良好教育、有政治头脑的摩尔与毕加索的另一位情人玛丽－泰 蕾兹·沃尔特（Marie-Therese Walter）十分对立，但是后者为毕加索育有一女，名叫玛雅（Maya）。摩尔自己不孕，因此毕加索笔下的她经常是痛苦烦乱。在兰的作品中就想表现出那种压抑的情绪和悲伤的美感，刻画出从眼中就能读懂的故事。就像毕加索说过的：“艺匠只是模仿，而艺术大师是汲取。”

化妆：Kryolan 闪亮彩盘，supracolor interferenz 彩盘，微光亮金，红色明胶，HD 无时限眼线膏，Kajal 黑色眼线笔；施华洛世奇水晶

摄影：卡米尔·桑森

发型：戴安娜·摩尔

造型：卡尔·威利

眼部装饰：维基·萨奇（Vicki Sarge）

帽饰：Ivana Nohel（伊万娜·诺和尔）

模特：佐伊·班克斯

化妆助理：凯莉·门迪奥拉（Kelly Mendiola），洛洛·佩奇（Lolo Page）

造型助理：阿黛拉·佩特兰

美甲：Freelance（自由记者）美甲工作室，运用 VuDu 甲片

特别鸣谢：汉娜·马斯特兰奇（Hannah Maestranzi）

相对页图：

化妆：MAC 专业轻亮粉底液（白色），黑色液体眼线，面部贴花装饰
摄影：马克 · 坎特（Mark Cant）
模特：艾丽（Ellie）

左图：

化妆：MAC 遮瑕棒，闪粉（水晶灰、松石绿、3D 金、3D 银），调和水；面部贴花装饰
摄影：凯瑟琳 · 哈勃（Catherine Harbour）
模特：瑞 · 马休斯（Rae Matthews）

运用面部贴花装饰进行造型

兰与著名的化妆师、面部贴花发明者——菲利斯 · 科恩（Phyllis Cohen）合作打造面部贴花造型。在书中这两页图中所呈现的造型就完美诠释她创作的定制面部贴花。

“我和兰见面讨论如何进行合作，兰期望可以运用面部贴花和色块的结合打造波普风格的妆容。我立刻展开想象，就好像看到面部的妆容如版块一般分布。在成为化妆师之前我一直想努力成为插画家，一位出色的导师教我画面部的结构，他创建出一套绘画体系，将人的面部分为 40 块不同的形状结构，并让我牢记从而养成绘画习惯。当我为兰创作这些地图一般的面部贴花的时候，我选择极有个性的色彩进行创作。当兰提出希望进行一些像沃霍（Wahol）与立体主义相结合的设计时，我脑海中就立刻浮现阿列克谢 · 冯 · 亚夫伦斯基（Alexej von Jawlensky）的画作，我对这位艺术家的作品进行了深入的研究。亚夫伦斯基多运用大胆的平面色块创作肖像作品，我由这一点获得启发并将色块运用的概念融入面部贴花的设计之中。我挑选出最喜爱的好莱坞摄影肖像集，直接把好莱坞著名摄影师乔治 · 赫雷尔（George Hurrell）为年轻时期的琼 · 克劳馥（Joan Crawford）所拍摄的肖像放大到真人大小进行推敲。我研究如何通过面部受光来突出骨骼结构，我将她面部的高光、中间基调以及暗影都临摹下来，从而发现应该用最深的黑色表现暗部的阴影，用最亮的白色提亮高光部位，中间基调可以用任何中间色系来进行调和。最后我搭配 20 多个中间色，共 7 个色系的哑光金属质感面部贴花。我发现中间色调形状、色彩和质感的细腻多变，诠释波普艺术的感觉。这些都是我收集的艺术参考——在中间基调为主的肖像作品中大胆地使用明快、鲜艳的色彩描绘面部，并将最深的暗影和最亮的高光点缀在恰当的位置。”

“色彩是绘画的关键，有恰当的色彩，才能有准确的绘画形式。色彩就是一切，就像音乐中的节拍，因为节拍决定旋律。”

——马克·夏加尔（Marc Chagall）（1887—1985）

现代主义

Modernism

现代主义先锋代表者马克·夏加尔对各个艺术领域都有着极为丰富的经验，包括油画、插画、艺术版画、彩色玻璃吹制与舞台布景设计、陶瓷和挂毯制作。作为一种新颖的艺术风格，在他的油画作品中以丰富的色彩描绘面部。帕勃洛·毕加索曾评论说“20 世纪 50 年代，马蒂斯（Matisse）去世后，夏加尔是仅剩的一位真正理解色彩的艺术家。”他的绘画作品充满活力，运用如宝石般的钴蓝和像红宝石和碧玉一般的色彩，超凡脱俗的人物形象跃然纸上，令人回味。

除了用色的出神入化外，夏加尔真正的天才是创建出一个新的绘画领域，在他的作品中一切都有可能——会飞的马、绿色的驴等，展现出男人拥抱自己兽性的一面——他幻想中人兽结合的场景在作品中极为多见。兰被其梦幻般新奇的想法和将新风格的现代艺术与东欧犹太民间文化相结合的创举深深吸引。

毕加索曾说过，他极其喜爱夏加尔的作品，“飞行的小提琴和各种民间神话传说都是他油画中呈现的形象，都是他深思之后的表达，而不仅仅是拼凑画面。”他还评论道：“自雷诺阿之后再没人能像夏加尔一样如此懂得光影的运用。”那我们能从中收获什么呢？那是一种丰富的感官——从技术角度来说，我们可以平衡水和色彩，留出清晰的边界，形成现代派的图形效果，也可以感受到艺术家在画作中所描绘的情侣景象所传递的浪漫情感。虽然，夏加尔生活在现今白俄罗斯的维特伯斯克常年压抑的灰色天空之下，但是在他的作品中却展现出各种充满活力的美妙色彩。

为创作造型作品，兰将设计师贾斯丁·史密斯所设计的拥有艳丽色彩以及丰富图形的帽子作为灵感来源，她很喜欢那种像彩色玻璃一般修饰面部结构的设计，精美的设计形态让人折服。为使造型更为完整，突出模特的眼部妆容，兰将面部妆容中其他部位暗化，展现出强烈的暗色调，光影明暗的变幻带来神秘的美感。

化妆：Kryolan supracolor24 色彩盘
摄影：卡米尔·桑森
头饰：贾斯汀·史密斯
模特：莱拉

“艺术并不变幻多端，它只是一种简单的表现形式。”

——罗伊·李奇登斯坦（Roy Lichtenstein）（1923—1997）

波普艺术
Pop Art

波普艺术源于20世纪50年代中期的英国，并在20世纪50~60年代末期以消费文化为主导时期并进一步发展。那个时代艺术风格转向，平凡的广告被再次包装，名人效应的新闻重新成为人们关注的焦点。并不像传统中规中矩的艺术形式，波普艺术有着狂野而漫不经心的特征。“我并未意识到我的作品会带来社会效应，这些社会效应的产生也并非是我所期许的。”李奇登斯坦解释道：“我对试图影响社会并不感兴趣，也不想费力去改变世界。”

本次造型作品展现出兰对美国著名漫画艺术家杰克·柯比（Jack Kirby）所复刻的李奇登斯坦绘画作品的理解和诠释，极具波普风格。她希望运用大胆的色块展现卡通画般夸张的艺术形象，给人以眼前一亮的视觉冲击力。在化妆造型方面兰选用基础的色彩辅以简约的线条，再加上标志性的圆点装饰，非常简洁，主要突出面部的轮廓感，使整体妆容亮丽而不失和谐之美。点缀上假睫毛之后，描绘出眼部周围的轮廓线，再加上模特的性感演绎，张扬的女性形象呼之欲出。

化妆：Kryolan 白色底妆笔，supracolor24 色彩盘，HD 无时限眼线膏，Eylure 卷翘睫毛膏

摄影：凯瑟琳·哈勃

发型：池莉·萨托（Chie Sato），使用 M 号卷发器

模特：艾丽

化妆助理：大岛优子·弗雷德里克松（Yuko Fredriksson），凯莉·门迪奥拉，约恩·惠兰（Eoin Whelan）

“每个人都拥有美好的幻想。”

——安迪·沃霍（Andy Warhol）

（1928—1987）

早在还未出现 Facebook、Twitter 和 Instagram 这些社交网络应用之前，安迪·沃霍便已纵横时尚界、音乐界和电影界。

在移居纽约之后，他成为著名的商业插画家，客户名单中不乏各界权威：哥伦比亚唱片、*Glamour*、《时尚芭莎》、NBC、蒂芙尼饰品以及 *Vogue* 杂志等。在 20 世纪 50 年代，艺术家有自由展现自我的权利，无论是他的油画、版画、摄影、丝网印还是雕刻作品都很吸引人，在他的周围也始终充斥着各种媒体。

安迪·沃霍早年间受过精神疾病困扰，因此他经常把自己关在房间里，整天看杂志或者漫画，这也是他的一大爱好。

兰在书中所打造的妆容是由安迪·沃霍 1962 年所创作的一幅丝网印画作《玛丽莲·梦露双联画》而得来的灵感。她对安迪·沃霍漫画式的肖像作品十分着迷，尤其是这幅《玛丽莲·梦露双联画》。安迪·沃霍的作品非常商业化，有着无法解释的神秘感，艺术家自己曾说过：“艺术就是释放自我。”

兰运用了绘画及造型技巧，着重突出模特身上诙谐的艺术感，从而带出波普艺术的意境。

化妆：Kryolan 黑檀木色 HD 无时限眼线膏，HD 微粒底妆盘 MFC1 号色

摄影：卡米尔·桑森

头饰：贾斯汀·史密斯

模特：莱拉

“在绘画的时候我最了解自己，我能丝毫不差地掌控色彩的流动。”

——杰克森·波洛克（Jackson Pollock）（1912—1956）

表现主义

Expressionism

作为抽象艺术以及表现主义的代表人物，杰克森·波洛克因其独特的泼墨绘画而闻名。兰尝试参考他的绘画风格用液体颜料进行造型，她探索出一种独特的方法让颜料自然流动，创造出彩色颜料自然滴落轨迹的效果。由于重力的原因，在嘴唇这样小的区域呈现液体流动滴落的瞬间颇为棘手，兰不得不探寻让颜料流动过程更为缓慢的方法。在唇部进行一层光泽感的打底，使上层的液体颜料更为厚重，流动也更为缓慢。

将不同的颜色形成不同的轨迹，混合成新奇的色彩，呈现出别样的飘逸洒脱。颜料刷涂的不同角度也会影响流动性与色彩的平衡。兰全神贯注，不断琢磨推敲，几乎忘记了外界一切事物，她凭着独到的艺术感触通过不断增加或减少色彩的方式寻求最好的艺术效果。经过反复斟酌尝试，最终的作品就好像有了生命，当完成后看到它被拍摄下来的画面更是令人惊艳。

化妆：Kryolan 高光，唇彩；MAC 口红（Ruby Woo，Lady danger 色号），唇彩；美国 OCC 植物唇彩

摄影：约翰·奥克利（John Oakley）

模特：米盖拉（Michaela）

第二节　雕塑家

阿尔伯特·贾柯梅蒂（Alberto Giacometti），安尼施·卡普尔（Anish Kapoor），亨利·摩尔（Henry Moore），达米安·赫斯特（Damien Hirst）

“通过运用3D效果和纹理质感的展现，释放选材与制作过程的束缚，表达出更深层次、更鲜活的情感。”

勺子女人，阿尔伯特·贾柯梅蒂1927年石膏作品（1953年展出），尺寸：146.5cm×51.6cm×21.5cm，由阿尔伯特&安妮特·贾柯梅蒂（Alberto & Annette Giacometti）基金会收藏。

阿尔伯特·贾柯梅蒂

Alberto Giacometti

贾柯梅蒂作为一个艺术家最可贵的是能够捕捉探寻到人的内心深处。他钻研人物肖像时，反复地雕琢塑像的边缘，打造纹理效果和人物面貌以及身体的复杂结构，推敲每一个细节甚至聚焦到每一个指甲，曾让他的朋友吉姆斯·劳得（James Lord）一直坐了 18 天。创作的雕像以独特而震撼的形式表现出人物的形态，雕像的轮廓像幽灵般影子一样延展。他曾经形容自己的作品并不是人的形态，而是“投射的影子”。

兰很好奇贾柯梅蒂在进行创作时内心有着怎样的想法。贾柯梅蒂的创作风格有一种孤独的感觉，他是兰在学习艺术时最喜欢的艺术家。在贾柯梅蒂艺术生涯的后期，他选择从超现实主义和存在主义中脱离，去追寻一种看似荒诞存在的方式。成名后的贾柯梅蒂也会经常回顾自己往昔的作品，他认为最难之处在于：在同一个作品里呈现的事物越多，就越难尽善尽美地展现出应有的效果。兰把贾柯梅蒂的这一难能之处作为自己的一种创作灵感，敦促自己改进以往的创作手法打造全新的造型作品。她最后创作出的形象深受内心情感的影响，她也会运用衣服及帽子作为装饰去塑造她的作品，从而更好地表达出作品的情绪。

化妆：Kryolan supracolor 黑色油彩；面部贴花装饰
摄影：卡米尔·桑森
造型：卡尔·威利
T 恤及夹克：伊万·皮利亚（Ivan Pilja）
帽子：维多利亚·格兰特（Victoria Grant）
模特：佐伊·班克斯，@MOT 模特公司
化妆助理：凯莉·门迪奥拉，洛洛·佩奇
摄影助理：因迪哥·罗勒
美甲：Freelance 美甲工作室

“人的面部对于我来说都是陌生的表情，越盯住琢磨越琢磨不透。”

——阿尔伯特·贾柯梅蒂（1901—1966）

化妆：MAC 全效遮瑕（白色），油彩棒（黑色），颜料（黑暗灵魂系列）；面部贴花装饰；Paperself 假睫毛

摄影：卡米尔·桑森

头饰：贾斯汀·史密斯

模特：莱拉，@profile 模特公司

打造 3D 立体效果

就像毕加索，他因为画作而出名，也是造型艺术的爱好者。造型艺术就是通过运用立体与塑形的手法进行创作。确切地说，兰最终呈现的作品是由化妆师汉娜·马斯特兰奇用凝胶塑造出的特殊立体妆效。下面就来介绍这种创新的凝胶及使用方法。

凝胶及使用方法

凝胶是一种广泛应用于塑造 3D 妆效的介质，利用凝胶能轻松打造立体妆效，对皮肤也是安全无害的，经常被用于模拟皮肤异常的状态，如严重烧伤、瘢痕或皮肤上突起的疹子等。果冻状的凝胶拥有很好的延展性及弹性，是一种可以通过模具制作从而展现细微妆效的材料。

凝胶在各大品牌中均有应用。凝胶粉末可以轻易地和水以及甘油融合。有时为方便购买，凝胶会被制成片状、块状或者以滴管的形式出售。凝胶的颜色范围也十分广泛，从明亮的肤色到血红色。

加热

在运用凝胶之前需要加热。直接将凝胶用于皮肤上时需要在蒸锅中进行加热，应避免凝胶加热过度或者在皮肤上使用时过烫。固体凝胶需要先被切分为小块以便更快地溶化，溶化后要尽快使用，否则冷却后就会迅速重新凝固。

如果运用模具制作凝胶则可使用微波炉直接进行加热。先将固体凝胶切割成小块放入塑料碗中，只需加热几秒即可。等凝胶呈现半流体状态的时候就可以将其注入事先准备好的模具中。凝胶最出色的特点就是如果制作出现了问题或裂痕，只要再稍微加热便可反复操作进行完善。

相对页图：

化妆：Kryolan HD 微粒粉底盘，脸部提亮（白色），口红（经典红色 LC101），隔离粉底

模特：乔伊，@models 1 模特公司

右侧图：

化妆：kryolan HD 高解析清秀裸妆膏，微光闪耀粉底（珍珠色），奶油色彩妆，魅力火花系列，隔离眼影，脸部提亮（白色）

摄影：卡米尔·桑森

造型：卡尔·威利

礼服：亚施雷·艾沙姆（Ashley Isham）

头巾：卡尔·威利

模特：乔伊，@models 1 模特公司

化妆助理：凯莉·门迪奥拉，洛洛·佩奇

摄影助理：因迪哥·罗勒

美甲：Freelance 美甲工作室，运用 VuDu 甲片

色彩

兰将凝胶切成小片，放入塑料碗中，并在其中加入几滴液体基底颜色，如霓虹绿、蓝、粉、白和黑等。只要几滴液体基底颜色就能使凝胶呈现不同的哑光色彩。加入更多的液体基底颜色会改变凝胶的状态，但是也会使凝胶失去很好的黏度、延展性，变得易断。兰在着色后的凝胶溶化时加入闪粉并及时地搅拌均匀，如果凝胶在使用过程中凝结，她会使用微波炉进行再次加热。兰特别强调要选用聚酯闪粉，这样才能安全地进行微波加热。

拉坯造型

兰从简单的点状或三角形结构开始，来塑造不同的面部装饰造型。

点状的造型是最容易打造的，她用化妆刷的末端蘸取溶化的凝胶，点涂在钢制调色板上，这样能使凝胶迅速冷却凝固定型，从而立刻可以将其从调色板上剥离，用于面部造型的粘贴装饰。

写意的造型就像潦草的字迹或迷你的高迪式（Gaudi）抽象作品，需要用刷子的末端蘸取一些溶化的凝胶，随意地滴落在平面上打造出随性的艺术感，经过几次的重叠制作，形成一片蕾丝状的造型。每一片蕾丝状的凝胶造型都是写意之作，独一无二。

对于三角状和眉毛上的凝胶造型需要使用造型黏土或橡皮泥制作的模具进行制作。在干净的平面上将橡皮泥滚压成薄片，再用刻刀雕刻出需要的造型，被雕刻镂空的地方将填充凝胶，等凝胶凝固后便可剥离。如果要制作多个相同的造型，就需要制作石膏模具。通常兰会用少许金缕梅提取物涂抹模具，让模具的边缘更为光滑。

应用

在化妆中需要采用专业医用黏合剂。需要注意的是要在胶干透之后使用，方便之后将凝胶造型剥离，在没有干透的时候使用则会产生空隙。

上左图及相对页图：
兰创作的 3D 造型。

上右图：
化妆：Kryolan HD 微粒粉底盘，脸部提亮（白色），口红（经典红色 LC101），隔离紧致彩盘
摄影：卡米尔·桑森
模特：佐伊，@models 1 模特公司
美甲：Freelance 美甲工作室，运用 VuDu 甲片

“真正的艺术家所创作的不只是一件作品，而是奇迹。”

——安尼施·卡普尔（1954—）

安尼施·卡普尔

Anish Kapoor

安尼施·卡普尔出生于孟买，现居伦敦，是现今最具装饰意味的雕塑家，拥有多项殊荣。1991 年他获得特纳（Turner）奖，2002 年联合利华将其作品收藏于泰特（Tate）现代艺术馆的涡轮大厅。卡普尔的大型几何作品多以石灰石、大理石、塑料等搭建出的非物态形式出现，呈现出弱化距离感和扭曲空间感的状态。

全球各大都市都有卡普尔创作的巨型空间作品——在一定的空间内以抛光的钢镜以及水面的反射倒映出周围的优美景色。他所创作出的精美绝伦的巨型镜面雕塑让观者身心愉悦。在卡普尔看来，“灵感会激发出更多新的灵感”，兰十分认同这一观念并应用于自己的化妆造型创作中。本书中所呈现的超凡脱俗的艺术造型均是兰以卡普尔作品中的律动、色彩、纹理以及映像为灵感而创作的。

相对页图：

化妆：Kryolan supracolor24 色彩盘，晶亮粉彩，亮粉涂料 S12、070、509、071、S10、R21、R27、032、080、TK2，魅力花火，多种闪粉（银色、淡紫色、闪金、珍珠白）

摄影：卡米尔·桑森

发型：乔斯·齐哈诺，TIGI 造型

模特：佐薇·凯伊（Zoey Kay）

化妆助理：艾丽莎·泰勒

摄影助理：因迪哥·罗勒

美甲：萨达·易卜拉欣－加尼（Zaida Ibrahim-Gani），埃西（Essie）

下一页图：

化妆：Kryolan supracolor 079 色，Icicle 品牌凝胶，增稠剂，MAC 口红（Lady danger 色号）

摄影：卡米尔·桑森

发型：乔斯·齐哈诺，TIGI 造型

模特：卡琳娜·怀特

化妆助理：艾丽莎·泰勒

摄影助理：因迪哥·罗勒

相对页图：

化妆：kryolan supracolor24 色彩盘（银色、黑色），HD 微粒底妆盘，造型粉，液体凝胶，肤色定影粉

摄影：卡米尔 · 桑森

发型：乔斯 · 齐哈诺，TIGI 造型

模特：卡琳娜 · 怀特

化妆助理：艾丽莎 · 泰勒，@Select 模特公司

美甲：萨达 · 易卜拉欣 · 加尼，埃西

下图：

化妆：MAC 眼线膏（黑），颜料（蓝绿色），专业轻亮粉底液

摄影：卡米尔 · 桑森

发型造型：同上

模特：佐薇 · 凯伊，@Storm 模特公司

下一页图：

化妆：Kryolan 橘色晶亮粉彩，化妆膏彩盘，液体凝胶，光灿粉妆慕丝，supracolor 闪粉盘；MAC 颜料（明黄、天蓝）；埃尔多拉品牌假睫毛

摄影：卡米尔 · 桑森

发型造型：同上

模特：佐薇 · 凯伊，@Storm 模特公司

“艺术在某种程度上说都是抽象。”

——亨利·摩尔（1898—1986）

亨利·摩尔

Henry Moore

身为约克郡人的亨利·摩尔所创作的青铜雕塑作品就像他幼时家乡的山谷一般绵延起伏，他塑造的抽象人物雕像给兰的作品带来许多灵感。兰用金属质感的妆扮以及独特的化妆技巧在模特身上打造不同的结构形态以及大量的立体装饰，尤其是对模特的头部进行着重的塑造。通过油彩以及纹理的应用很好地平衡面部形态的扭转变化。

对摩尔来说作品的塑造就是情绪的表达，他习惯于直接进行雕刻创作，独特的雕刻手法成为他作品的独特印记。摩尔这样说道：“技巧并不是创作理念的重点，它应该是为作品的表现形式而服务。”

上图：

化妆：见第196页

摄影：卡米尔·桑森

发型：戴安娜·摩尔

美甲：派波·艾金斯（Pebbles Akins），埃西

相对页图：

化妆：MAC专业轻亮粉底液，全效遮瑕粉底（白色），腮红（Pinch O'Peach色号）；眼影（White Frost色号）；眼线笔（Facinating色号）；施华洛世奇水晶装饰

摄影：卡米尔·桑森

发型：戴安娜·摩尔

外套：亚施雷·艾沙姆

模特：艾丽

"死去与实际的死亡是不同的艺术，一个是欣喜的欢庆，另一个则是沉闷的事实。"

——达米安·赫斯特（1965—）

达米安·赫斯特

Damien Hirst

达米安·赫斯特十六岁便去利兹（Leeds）医学院人体解剖学系练习画尸体，他一生都沉浸于生、死与艺术之中。他的作品轰动了当代艺术界——其中最震撼的就是 1992 年萨奇画廊举办的"英国年轻艺术家"群展中的《生者对死者无动于衷》。他笑称："艺术中扭曲分解的想象力能创造出惊人的效果。"

他作品的主题总是围绕着生死——特别是 2007 年创作的《上帝之爱》，在白金头骨上以密钉嵌法镶上 8601 颗完美无瑕的钻石和真人的牙齿，这件作品成为兰下一页展示的作品所汲取灵感的来源。兰想通过自己的作品表现出《战胜腐朽》这件作品所传达出的那种用未经雕琢的天然材质所塑造出的与众不同的美感。

为打造这件作品，兰用黑色哑光油彩来弱化模特的特征，着重突出打造骨骼般中空的装饰。水晶骨骼造型头饰由发型师马克·伊斯莱克特（Marc Eastlaked）为其订制，兰则在面部点缀凝胶以及独特的施华洛世奇水晶来使造型更为丰满，同时强调出面部轮廓。相机延时摄影记录下模特头部缓慢扭转延伸而带有五彩光晕的影像。

上图：

化妆：MAC 闪粉（smolder 色号），晶亮润肤乳，专业轻亮粉底液，流畅精准眼线液笔（rapidblack 色号），6 号纤长睫毛膏

摄影：马克·坎特

模特：艾丽

左下图：

化妆：MAC 丰润唇线笔（More to love 色号），丝滑唇膏（Lickable 色号），闪粉（珠光，3D 银色）；施华洛世奇水晶

下一页图：

化妆：MAC 眼影笔，闪粉（3D 银色，红色），调和水

摄影：凯瑟琳·哈勃

头饰：马克·伊斯莱克特，施华洛世奇订制

模特：瑞·马休斯（Rae Matthews），@Nevs 模特公司

第三节 电影、电视剧妆容

《埃及艳后》《都铎王朝》《绝代艳后玛丽·安托瓦内特》《唐顿庄园》《高斯福庄园》《了不起的盖茨比》《广告狂人》《霹雳娇娃》《达拉斯》《剪刀手爱德华》《罪恶之城》

“团队会激发出天马行空的幻想并将其付诸现实。”

"就像魔术师的技巧并不都能被洞察明了一样，画笔与奇思妙想的融汇将产生意想不到的效果。"

《埃及艳后》

Cleopatra

影视行业为时尚产业提供丰富的灵感。在这一章中，兰将回顾近几十年荧幕上的影视经典造型，并将这些经典造型作为参考素材，以自己的方式去重新演绎。

兰很喜欢 1963 年由伊丽莎白·泰勒（Elizabeth Taylor）主演，约瑟夫·L. 曼凯维奇（Joseph·L. Mankiewicz）导演的史诗剧作《埃及艳后》。她将埃及艳后克利奥帕特拉（Cleopatra）标志性的浓重烟熏妆容引入自己的造型创作中，同时以金色的装饰物点缀赋予模特女神般的气息。电影中埃及艳后的造型大胆、美艳，而兰运用前卫的方法，在模特身上用金色的闪粉打造出闪烁质感的肌肤，尤其着重装饰模特手部，呈现出的效果就像戴一副金色的手套，象征着皇室的荣耀身份。兰认为，埃及艳后如果真像电影中那样以牛奶沐浴以求肌肤光洁，她肯定也会希望自己看起来容光焕发、金光闪耀。古埃及人坚信化妆品有神奇的魔力，最初的矿物化妆品，如充满活力的绿色眼影是由铜化合物孔雀石磨制而成，耀眼的钴蓝则是由青金石磨制出。而直到今天埃及艳后克利奥帕特拉翼形的眼线还被时尚界引用于各大秀场妆容中。

化妆：Kryolan supracolor 闪亮彩盘，晶亮水彩 B 色号、FP 色号，聚酯微光（金色），中号、大号
摄影：卡米尔·桑森
发型：戴安娜·摩尔
造型：卡尔·威利
首饰：Erickson Beamon（艾瑞克森·比蒙）
模特：克劳迪娅，@ Premier 模特公司
化妆助理：洛洛·佩奇
摄影助理：因迪哥·罗勒
美甲：派波·艾金斯

"像服装设计师一样，化妆师也是讲述者。发型师与化妆师最大的共通之处就是将拍摄的预期实现。而观者可以通过拍摄出的作品所呈现的效果，了解妆发完成后的具体效果。"

——发型师　戴安娜·摩尔

《都铎王朝》

The Tudors

迈克尔·赫斯特（Michael Hirst）将英国1485~1603年间精彩的历史故事搬到荧幕上并因此而赢得金球奖。在这部2007年的系列剧中特别值得关注的就是演员的戏服——多层的天鹅绒、丝绸锦缎类的面料营造出奢华、珠光宝气的效果，斗篷和头饰也衬托出华丽的气息。兰的创作就是汲取当时的艺术家尼古拉斯·希利亚德（Nicholas Hilliard）（1547—1619）以及乔治·高尔（George Gower）（1540—1596）的肖像作品中的灵感而来的，后者则是伊丽莎白女王的御用画师。兰以乔治·高尔的作品为灵感，在刻画造型时运用宏大的背景映衬暗色调来凸显其空灵的美感。她用传统的化妆技法寻求雪白的肌肤效果，以自然的手法打造玫瑰色光晕般的清透脸颊。自然清新的妆容上淡淡的唇色，呈现出如处女般圣洁的妆效。整体造型如同重现微光中都铎王朝时期的戏剧画像一般：女孩有着温润的双唇，坐在那里手捧着书册，面容凝聚在虔诚思绪的一瞬间。

相对页图：

化妆：Kryolan光燦粉妆慕丝，化妆调和剂，HD高解析清透裸妆膏；MAC显色丰润唇膏（Show Orchid色号）；Daniel Sandler（丹尼尔·桑德勒）水彩液体腮红（cherub色号）

摄影：卡米尔·桑森

发型：戴安娜·摩尔

造型：卡尔·威利

首饰：Erickson Beamon

服装：National Theatre Costume（国家大剧院服装）

模特：罗斯·埃利斯（Rose Ellis），@Storm模特公司

发型助理：卡尔·威利

化妆助理：洛恩·阮

摄影助理：劳丽·诺布尔（Laurie Noble）

造型助理：阿黛拉·佩特兰以及哈里·克莱门茨（Harry Clements）

下一页图：

化妆：kryolan光灿粉妆慕丝（珍珠色），遮瑕膏，化妆调和剂，唇颊两用（Lotus色号），眼影（金粉色）；The Body Shop（美体小铺）光灿彩盘（26，亮粉色），浓密睫毛膏；Benefit（贝玲妃）快速眉毛造型膏，PORE专业妆前光亮面霜

摄影：卡米尔·桑森

布景设计：路易斯·玛丽特（Louis Mariette）

花艺：Wildabout Flowers（*www.wildaboutflowers.co.uk*）

帽饰（珠宝装饰头饰，雕塑头像）：路易斯·玛丽特

服装：（从左至右）1.裙装（Sorapol）2.蓝色蕾丝裙装[Dolce & Gabbana（杜嘉班纳）]，靴子[Vivian Ying（应翠剑）]，3.红色蕾丝衬衫（Sorapol），4.蓝色裙装（Sorapol），5.黑外套（Sorapol），6.白色裙装（National Theatre Costume），7.蓝蕾丝衬衫&短裙（Sorapol）

模特：玛尔塔（Marta），罗斯·埃利斯，乔吉娜（Gerogia），@Storm模特公司

造型助理：查尔斯·博伊尔（Charles Boyles），卡洛斯·孔特雷拉斯（Carlos Contreras）

《绝代艳后玛丽·安托瓦内特》
Marie Antoinette

2006 年导演索菲亚·科波拉（Sofia Coppola）将法国洛可可时期的奢华景象呈现于大荧幕之上。克里斯滕·邓斯特（Kirsten Dunst）演绎命途多舛的绝代艳后。本书中这几幅化妆作品都是以年轻皇后奢侈享乐的晚宴为灵感而创作，最终呈现的画面充斥各种色彩，堆满美味的蛋糕以及诱人的水果——真是一场名副其实的梦幻宴会。兰为模特塑造蓬松的卷发、苍白的肌肤、染红的面颊，还有华丽的布景和造型。模特苍白的皮肤如同瓷娃娃一般，灰白的大假发格外显眼突出。魅惑的苍白肤色以及粉色与紫色分层叠加打造出的腮红营造出烂漫的童真韵味，唇色的晕染在唇部边缘进行模糊处理，唇中渐变加深，营造出仿佛刚刚咬过樱桃一般水润樱红的质感。这种娃娃般的造型也经常出现于各大秀场，并广泛运用于高定服装秀以及杂志大片的拍摄中。

《唐顿庄园》
Downton Abbey

爱德华时代低调奢华的美感在朱利安·费洛斯（Julian Fellowes）指导的剧集中重新呈现并广获赞誉。总体来说，唐顿庄园的化妆造型比较简洁中性，兰以米歇尔·多克里（Michelle Dockery）塑造的人物玛丽·克劳利小姐（Lady Mary Crawley）为创作灵感。玛丽·克劳利小姐无时无刻都举止优雅、打扮得体，在每一个场合都装扮得格外迷人。展现这款妆容的模特有着深色的头发和姣好的面容，兰为其打造精致的发型，并将拍摄的重点转移到模特在镜中泛着微光的倩影上，模特雪白的肌肤年轻光滑，面部轮廓分明，英伦玫瑰般的晕色盈满面颊和双唇。兰希望营造一种简约的美丽，塑造让人难以忘怀的美感。画面背景中的女仆的妆扮简单素净，仅以少许透明质感的蜜粉来修饰肌肤。女仆正以审视的眼光紧盯着玛丽小姐为晚宴而身着的丝绸礼服。画面中饱和的色彩与细致的构图严谨而真实地反映出当时不同阶级生活的情景。

化妆：Lancome（兰蔻）奇迹香水，梦寐睫毛膏，唇线笔，菁纯透润唇膏（205 色号），HD 染眉膏

摄影：卡米尔·桑森

服装：（左）小黑裙（Dolce & Gabbana），围裙（National Theatre Costume），（右）礼服［Reem Juan（雷姆·胡安品牌）］

模特：玛尔塔，罗斯·埃利斯，@Storm 模特公司

“时尚与造型消失殆尽，艺术依旧永存。”

——造型师　丹尼尔·丽思摩尔（Daniel Lismore）

《高斯福庄园》

Gosford Park

这部 2001 年的电影以一起神秘的谋杀案件以及 20 世纪 30 年代的英国阶级生活为主题。在 20 世纪 30 年代工业蓬勃发展的时期，我们可以发现不论是在建筑还是绘画领域，大胆的几何装饰艺术都十分常见，如托马斯·本顿（Thomas Benton）以图形描绘出女性轮廓的作品。《高斯福庄园》揭示着阶级的分化，尤其是住在一栋楼中的权贵与佣人之间的斗争。它所描述的是一个充满魅力的时代，有着完美服帖的发型以及精致无瑕的妆容，整体特点是细长分明的弯眉、亮色的唇妆对应着深色的眼妆，加深的眼窝衬托出整体的轮廓，高光与修容结合以突出颧骨的线条。如今，这种复古风格的妆容也十分流行，舞娘蒂塔·万·提斯（Dita Von Teese）就是其中的代表。

化妆：Kryolan 造型蜡，TV 遮瑕膏，多色眼影盘（金属色系列）
摄影：卡米尔·桑森
发型：戴安娜·摩尔
造型：卡尔·威利
服装：威廉·怀尔德（William Wilde）
模特：拉克扎（Lakiza）
摄影助理：因迪哥·罗勒
美甲：Freelance 美甲工作室，运用 VuDu 甲片

《了不起的盖茨比》

The Great Gatsby

F. 斯科特 · 菲茨杰拉德（F. Scott Fitzgerald）笔下经典小说中 20 世纪咆哮的一代成为巴兹 · 鲁赫曼（Baz Luhrmann）这部 2013 年电影的大背景。第二次世界大战结束之后的时期充满活力与现代激情，妇女拥有选举的权利，舞厅回旋着爵士的旋律，开始出现名人崇拜的效应。兰希望重现那种颓废的魅力，在造型中突出发型、妆容以及钻饰的特点。与爱德华时期的淡妆长发相比，兰用富有戏剧性的、带有贝壳光泽与闪亮银色的眼影加以珊瑚红色与丁香紫色呈现出极具装饰意味的妆容。她将妆容的亮点集中在具有时代特点的性感烟熏眼妆以及勃艮第色调的哑光唇色上。那个时期标志性的短发与珠光宝气的头巾装饰都在这部电影中表现出来，充满魅力与戏剧性夸张的妆容散发着性感叛逆的独特气息，这种妆容也经常在各大秀场以及大片拍摄中被反复诠释。

《广告狂人》

Mad Men

相对页图：

化妆：妙巴黎（Bourjois）烟熏眼妆系列眼影（海洋之恋 Ocean Obsession 色号），丝绒唇釉（01 色号，哑光丝绒唇釉系统），持久防晕染眼线（黑色），古铜色高光阴影粉饼，烘焙胭脂腮红（34 金玫瑰 Rose d' Or 色号），迅卷睫毛膏（丰盈黑），卷翘睫毛膏

摄影：卡米尔 · 桑森

发型：戴安娜 · 摩尔

造型：卡尔 · 威利

头饰：路易斯 · 玛丽特

模特：乔吉娜

化妆助理：洛恩 · 阮

摄影助理：劳丽 · 诺布尔

造型助理：阿黛拉 · 佩特兰，哈里 · 克莱门茨

上图：

化妆：NARS（纳斯）膏状粉底霜，丝绒唇线笔（Dragon girl）；Daniel Sandler 修容粉；Yves Saint Laurent（圣罗兰）惊艳持久防水眼线液；Eyelure 假睫毛；HD 眉粉

摄影：卡米尔 · 桑森

发型：戴安娜 · 摩尔

造型：卡尔 · 威利

服饰：Suzannah（苏珊娜）

模特：佐伊，@Storm 模特公司

化妆助理：洛洛 · 佩奇

造型助理：阿黛拉 · 佩特兰，哈里 · 克莱门茨

这是一部马修 · 韦纳（Matthew Weiner）担当编剧的当代电视剧，聚焦于 20 世纪 60 年代的广告界。在 60 年代，女性开始拥有一定的权利和地位——但是她们依旧束腰，穿着锥形文胸和高跟鞋。在这款造型中兰强调黑色的眼妆，猫眼般的眼线，大胆夸张的红唇以及柔滑蓬松的秀发。另一方面，60 年代的妆容强调扩大眼部轮廓的妆感，英式的假睫毛，像名模崔姬（Twiggy）的化身一般。兰所打造的光洁发型与发箍造型有经典的希区柯克式的气息。黑眼线与红唇的搭配作为一直流行的经典也是一种适合红毯造型的魅力妆容。同时，兰为这款妆容加入凸显眼部轮廓的灰褐色眼影以及纤长的睫毛与清晰的眉形。

《霹雳娇娃》
Charlie's Angels

20 世纪 70 年代的侦探题材电影最吸引人的就是其中美女们性感妖娆的造型。例如，法拉 · 福塞特的标志性电影造型，柔软的秀发搭配烟熏的眼妆十分完美。阳光晒出的自然肤色加上简单的大地色妆容，金色混合以灰棕色系呈现出整体古铜色的妆效。

以金色提亮颧骨强调出双颊的轮廓，让面颊在光线下散发着天使般的柔光，这与丝缎般迷人性感的红唇形成一种冲突的美感。这种充满女性魅力又极具力量感的妆容经常会被用在 T 台与泳装拍摄中，20 世纪 70 年代的妆容总是带有一种前卫而强有力的个性态度。呈现这款妆容的模特有着健康黝黑的肌肤、清晰自然的眉形与唇部轮廓，因此只需通过漂白眉毛加以金属色的眼影便能打造出新颖独特的迪斯科风格的造型。

化妆：Giorgio Armani（乔治 · 阿玛尼）柔亮自然粉底液，Eye to kill 系列四色眼影，眼线染眉膏，丝滑眼线笔，Eye to kill 睫毛膏，503 号红色口红

摄影：凯瑟琳 · 哈勃

发型：池莉 · 萨托

模特：佐伊 · 班克斯，@ MOT 模特公司

化妆助理：约恩 · 惠兰

“发型永远都不够夸张，高跟鞋也永远没有最高的。”

——服装设计师 威廉·怀尔德

《达拉斯》
Dallas

这个时期的造型崇尚烦琐混搭的效果：加宽的肩膀、夸张的饰品，蓝、黄、绿等高饱和亮色的应用，与血红深粉混合唇色形成强烈对比的金色眼影。头上喷着闪光的亮粉，发型很大并偏向一边。在造型中不可缺少的是夸张的五颜六色的大耳环以及配合妆容的紫红色中性套装，搭配的关键就在于平衡以及融合各种元素，混搭出靓丽脱俗的装扮。想象一下琼·柯林斯（Joan Collins）穿着宽松落肩的金属色裙装，搭配加重睫毛的眼妆。兰将80年代的妆容技巧运用于日常妆容中，如将淡紫色扫在颧骨与发际线之间，提亮妆容的同时营造出一种前卫时尚的肌肤质感。

化妆：Yves Saint Laurent 圣罗兰 Top Secrets 全效隔离霜，超模聚焦粉底液，亮彩双效腮红，纯净柔亮蜜粉饼，限量奢华眼影彩妆盘，迷魅纯漾方管唇膏1号色，惊艳持久防水眼线液，长效眼线笔，洋娃娃睫毛膏；Eyelure 假睫毛

摄影：卡米尔·桑森

发型：戴安娜·摩尔

造型：卡尔·威利

服装：连体衣［Beyond Retro（超越怀旧品牌）］，腰带［Moschino（莫斯奇诺品牌）］

配饰：Liz Mendez（复古利兹·门德斯）珠宝

模特：乔吉娜，@Srorm 模特公司

化妆助理：洛恩·阮

摄影助理：劳丽·诺布尔

造型助理：阿黛拉·佩特兰，哈里·克莱门茨

MOSCHINO

《剪刀手爱德华》

Edward Scissorhands

20 世纪 90 年代的“黑色浪漫主义”为杰出的极简主义导演蒂姆 · 波顿（Tim Burton）提供素材。电影讲述一个温和的男孩因为自己是异类而被误解的故事。本书中的造型以电影中男孩的形象为灵感，试图讲述一段关于纯真、背弃与孤独的情感故事。模特重新演绎剪刀手爱德华另类的长指甲，电影中强尼 · 戴普（Johnny Depp）扮演的爱德华忧郁惊悚的形象也被兰以女性的视角理解诠释出来。紫红与木炭色调的上下睫毛打造出带有悲伤气息的眼妆，皮肤被粉饰的格外苍白并运用灰褐色修容恰到好处地融入发际线中，呈现一种裸妆的效果。

化妆：Kryolan 光灿粉妆慕丝（珍珠色），TV 遮瑕膏；Make Up For Ever（浮生若梦）12 色闪光彩盘；MAC 珠光烟熏眼线笔（海军蓝），流云防水眼线膏（黑）

摄影：卡米尔·桑森

发型：戴安娜·摩尔

造型：卡尔·威利

化妆助理：凯利·怀特（Kerry White）

造型助理：阿黛拉·佩特兰

美甲：派波·艾金斯

左图：

帽子：Jay Briggs（杰·布里格斯）

斗篷：卡尔·威利

模特：卡瑞纳（Karina），@Select 模特公司

上图：

上衣：Dolce & Gabbana

文胸：威廉·怀尔德

裙装：Sorapol

蕾丝紧身连衣裤：Agent Provocateur（大内密探）

鞋：Charlene x Sadie（沙琳赛迪）

模特：莉迪亚（Lidiia），@Leni's 模特公司

《罪恶之城》
Sin City

《罪恶之城》是一部高度程式化的现代黑色电影。在本书这几页的造型中，兰从这部由小说改编的电影中汲取灵感，融合梦幻与现实的效果，打造出一种“精英时尚”——这也是我们在杂志上看到的那些时尚大片的幕后团队的真实写照，他们中包括摄影师、发型师、化妆师、编剧和导演。时尚大片的背后正是这些幕后精英通过完美的模特、发型、化妆和装扮打造出一个个惊为天人的造型。图片中兰创作的形象正是根据这些幕后团队中各个人物的职责特点为灵感而演绎的：编剧坐在椅子上，装扮着 20 世纪 60 年代的迷人造型，画着猫眼般的眼线，涂着红唇，梳着整齐光洁的发型；发型师的头发古怪前卫，夸张的眼妆和唇妆格外显眼；性感暗黑系的化妆师晕染着烟熏眼妆，搭配暗色口红；造型师身着剪裁各异的奢华裙装，配着诱人的红黑拼色双唇；最后超模被描绘成拥有自然胴体，清晰的眉形、唇线以及甜美卷翘睫毛的完美形象。与此同时，运用熔塑材料在模特身体上呈现特殊的水感肌理效果，使模特包裹于溶解变形的熔料里，展现出一种完美的未来感。

化妆：Kryolan UV 液体晶彩，Supracolor24 色彩盘 N、K 两色
摄影：卡米尔 · 桑森
发型：戴安娜 · 摩尔
造型：卡尔 · 威利
身体彩绘：贾斯汀 · 史密斯
模特：卡瑞纳，@select 模特公司
化妆助理：凯利 · 怀特
造型助理：阿黛拉 · 佩特兰
摄影助理 / 布景设计：鲁阿 · 阿克恩（Rua Acorn），利安娜 · 富勒尔（Lianna Fouler），布兰登 · 格利尔利斯（Brendan Grealis）
美甲：派波 · 艾金斯

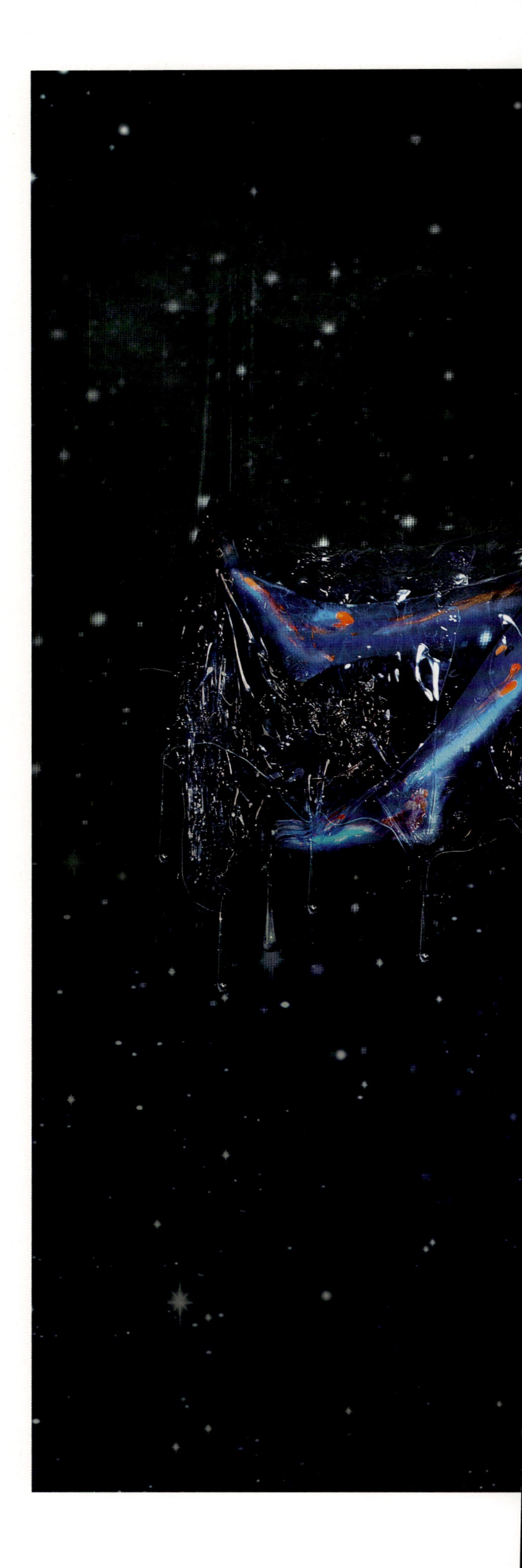

“美容业依赖于人们改变现状的愿望，随着数字化技术的发展，幻想与现实之间的差距变得越来越大。人们对获得惊人的变化效果有更多的期待，这促使大众对短期而高效的产品有更大的需求。”

——化妆师　菲利斯·科恩

86~89 页图：

化妆：Kryolan UV 液体晶彩；Makeup For Ever 12 色闪光彩盘；NYX 液体眼线液（艳蓝），面部贴花装饰

摄影：卡米尔·桑森

发型：戴安娜·摩尔

造型：卡尔·威利

头部及身体彩绘：贾斯汀·史密斯

模特：卡瑞纳，@select 模特公司

化妆助理：凯利·怀特

造型助理：阿黛拉·佩特兰

摄影助理 / 布景设计：鲁阿·阿克恩，利安娜·富勒尔，布兰登·格利尔利斯

90~91 页图：

化妆：MAC 专业轻亮粉底液，口红（Ruby Woo 色号），眼影粉（Smolder），流云防水眼线膏（黑），晶亮妆前润肤乳，定制遮瑕笔（纯白），眼影（White Frost 色号），修容粉（Shadester 色号），眼眉膏，眼线液（Boot black），Eylure 假睫毛

摄影：卡米尔·桑森

造型：卡尔·威利

服装（从左至右）：1. 外套及帽子 [Atsuko Kudo（藤敦子）]，短裙（William Wilde），鞋（应翠剑品牌）；2. 裙装 [Chic Freakv（时尚怪咖）]，手套（KTZ），鞋 [Kandee Shoes（坎德尔）]；3. 衬衫 [Sasha Louise（莎莎·路易丝）]，内衣（Agent Provocateur），靴子（Vivian Ying）；4. 衬衫及裤子（Atsuko Kudo），鞋 [Natacha Marro（娜塔莎·梦洛）]；5. 全身（Atsuko Kudo），鞋（Natacha Marro）；6. 内衣（William Wilde），短上衣、短裙及袜子（Sasha Louise），头饰（Jay Briggs），鞋（Natacha Marro）

发型：戴安娜·摩尔

模特（从左至右）：杰杰（Jay-Jay），@Leni’s 模特公司，阿莱莎（Alessa），@Storm 模特公司，莉迪亚，@Leni’s 模特公司，卡瑞纳，@Select 模特公司

造型助理：阿黛拉·佩特兰

摄影助理 / 布景设计：鲁阿·阿克恩，利安娜·富勒尔，布兰登·格利尔利斯

第四节　表演艺术妆容

歌剧妆容，芭蕾妆容，后现代艺术妆容，马戏团妆容

“化妆是一种面具，人们通过化妆来展现个性、表达情感，演绎生活。”

右图：

化妆：Kryolan TV 遮瑕膏，HD 无时限眼线膏，晶彩晨辉彩盘；Eyelure 121 号分明型假睫毛

摄影：凯瑟琳·哈勃

发型：池莉·萨托

模特：安杰拉·许—许萍芬（Angela Hsu）

化妆助理：弗雷德里克松·大岛优子

下图：

化妆：Kryolan supracolor 油彩，闪粉

摄影：凯瑟琳·哈勃

发型：乔斯·齐哈诺，TIGI 造型

造型及服饰：乔伊·比万（Joey Bevan），来自其 2014 年皇后加冕仪式系列

模特：米莉（Millie）

表演艺术妆容

The Performing Arts

世界上有不同的表演艺术，如戏剧、舞蹈、芭蕾、歌剧以及马戏表演，而由一位具有创造性的艺术家打造这些特定的表演艺术造型尤为重要。极为有趣的是有时演员会因为时间和预算的问题自行提供化妆用品，并需要根据不同的主题为他们打造各异的妆容。因为观众距离舞台较远，表演艺术的舞台妆效会比较夸张以突出角色特点。从罗马到文艺复兴时期，演员们以白色的粉末、粉笔、炭灰以及矿物颜色作为面部的涂料。最初舞台的光源仅仅是蜡烛，慢慢转变为玻璃灯，再后来有电力，此后随着电器的发展，演员们的面部缺陷也被放大显现出来。起初瓦格纳的歌剧演员只以猪油与颜料混合作为化妆用品，直到 19 世纪 60 年代德国人路德维希·莱赫纳（Ludwig Leichner）发明了油彩。这种化妆材料功能多样，方便使用，持久性好，常被兰用于造型底妆。1914 年，彩妆之父 Max Factor（蜜丝佛陀）先生发明压缩粉饼——这是一款具有融水性、质地轻薄且有哑光遮瑕效果的产品。随着化妆品的发展，现今化妆用品的成分对于皮肤而言更为安全，使用也更为方便。为了在闷热的舞台上可以持久保持妆效，最早的化妆用品中甚至包含具有毒性的铅。

"最初歌剧演员的妆容是面容苍白、眼妆夸张，华丽而又极具戏剧性。"

左图：

化妆：Bourjois 丝绒唇釉（06 号，Pink Pong 色号），眉笔，眼影

模特：米莉

右图：

化妆：Kryolan 魅力光晕彩盘，造型蜡，快干胶水；MAC 专业轻亮粉底液（白），持久眼影膏，唇膏笔

模特：迈拉（Myra）

歌剧妆容

The Opera

传统的歌剧演员妆容用色大胆，造型简单夸张，因为厚重的睫毛和明亮的用色才能在舞台的灯光下更好地展现出来。有时演员也会佩戴戏剧化的面具进行表演，这时只需要突出的唇妆以及假发来辅助角色的塑造。京剧的造型则更为独特，不同的面部妆容象征着不同的角色个性、地位以及命运，例如，红色的妆容代表着勇敢忠诚，黑色的妆容显示着英勇无畏，黄色和白色的妆容寓意狡猾奸诈，而金色和银色的妆容则展现神秘莫测。另一种妆容的形式来自日本传统表演中展现各种才艺的女性——艺妓。一般主要的化妆步骤是用白色的粉底涂于面部及颈部，原有的眉毛被遮盖住，取而代之的是在前额处绘以细小的假眉，眼部用少许红色与黑色点缀，最后在唇部中央描绘出自然而小巧的唇形。这种独特的化妆技巧和形式对现在的妆容流行趋势有着一定的影响。

化妆：Kryolan TV 遮瑕膏，HD 无时限眼线膏，多彩眼影盘；The Body Shop 唇颊两用液
模特：汉娜（Hannah）
摄影：凯瑟琳·哈勃
发型：乔斯·齐哈诺，TIGI 造型
造型：乔伊·比万，来自其 2014 年皇后加冕仪式系列

"化妆可以展现我们在舞台上的角色和特点。"

——芭蕾舞者 安伯·多伊尔（Amber Doyle）

芭蕾妆容

The Ballet

一想到芭蕾，在脑海中浮现出的就是天鹅湖芭蕾舞剧的影像，天鹅公主奥黛特（Odette）闪亮的肌肤、黑色的眼线以及苍白的双唇，黑天鹅奥迪尔（Odile）魅惑纤长的双眸被银色与黑色勾勒，正义与邪恶对立的两个角色，在舞台上留下让人难以忘怀的美丽印象。

芭蕾舞者安伯·多伊尔说："我和很多芭蕾舞者一样自己完成自己的舞台妆容，我们基本都会有一周的时间向专业的化妆师学习如何打造舞台妆容，在化妆师的帮助下我们可以每次表演时都呈现出同样的妆感，而每一个角色也可以用三种不同的妆容来展现。我们会涂上厚厚的粉底，并用加粗的眼线突出眼妆。黑色加重的睫毛会使眼妆在舞台上更为显眼，颧骨处也扫上深色的修容阴影。在涂好灰黑色眼影的眼窝处点缀白色，并加上眼线，让眼部的妆容更为立体、鲜明。有时候根据角色的需要也会选用华丽的彩色睫毛，但是传统的芭蕾造型还是以黑色睫毛为主，有些芭蕾舞者也会运用白色睫毛打造幽灵般神秘的感觉。"

99~103 页图：

化妆：Kryolan 光灿粉妆慕丝，HD 高解析清透裸妆膏；Daniel Sandler 水彩腮红，唇釉，哑光 18 色唇膏彩盘

摄影：卡米尔·桑森

发型：戴安娜·摩尔

造型：卡尔·威利

模特：丹马内特·米修内特（Deimante Misiunaite），@Storm 模特公司

造型助理：薇薇安·诺万科（Vivian Nwonka）

99 页图：

紧身胸衣裙：Giles（贾尔斯）

鞋：Capezio（卡培娇）

100 页图：

裙装：Jay Briggs

鞋：Capezio

101 页图：

化妆：Shu Uemura（植村秀）羽毛假睫毛

美甲：Essie Blanc（埃西·布朗）

全身：Jay Briggs

帽子：Atsuko Kudo

白裙：Giles
黑色紧身胸衣裙：Sorapol
黑色帽子和鞋：Atsuko Kudo

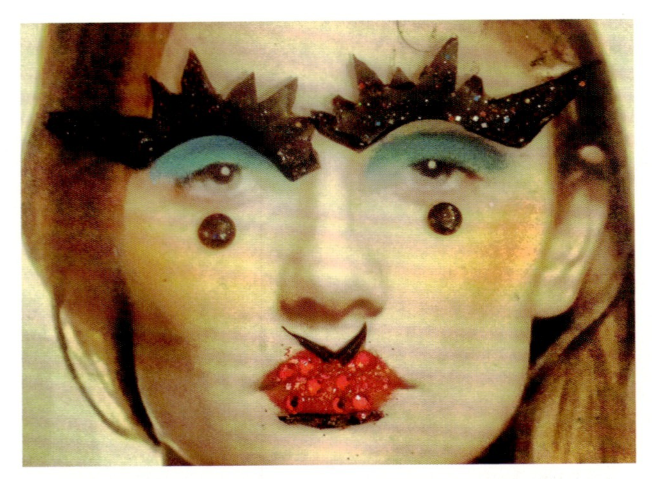

上图：

兰创作的作品

下图：

摄影：加里 · 纳恩（Gary Nunn）
发型：克莱尔 · 威尔金森（Klare Wilkinson）
造型：乔伊 · 比万
服装：伊万娜 · 皮拉（Ivanna Pila），由 kryolan 赞助，2013 年伦敦化妆艺术博览会展
头饰：路易斯 · 玛丽特（Louis Mariette）

右图：

摄影：加里 · 纳恩
造型：乔伊 · 比万
服装：伊万娜 · 皮拉，由 kryolan 赞助，皇家歌剧院拍摄
模特：伊莫金 · 利弗尔（Imogen Leaver）

后现代艺术妆容

Drag Artists

后现代艺术妆容通过放大人物特点、提升轮廓美感来展现更多的女性魅力。在造型中男性的特点都被抹去，从而使女性化的特点更好地演绎出来，整体妆容轮廓清晰精致，妆效层叠丰富，有很多值得借鉴的技巧。

伦敦备受喜爱的传奇后现代艺术家罗索拉（Russella）说："我很喜欢金发美女，所以经常以简 · 曼斯费尔德（Jayne Mansfield）或者玛丽莲 · 梦露（Marilyn Monroe）为原型来模仿她们化妆，她们的妆容极为简单，涂红唇，眼部则以裸妆为主。我经常对着镜子学习和模仿其他变装皇后的妆容，渐渐找到适合自己的方式和属于自己的妆效。闪亮的唇部成为我的一个标志性造型，我的嘴唇比较薄而且我不喜欢描满唇线和口红，因此我会选择用红色闪亮的唇彩来改善自己过薄的唇形。我觉得唇形对突出唇部妆效来说很重要，闪亮的唇妆在舞台上可以成为焦点。我也喜欢烟熏妆，卡戴珊姐妹就把烟熏眼妆演绎得十分完美。其他变装皇后曾告诉我说一定要画好完美的眼妆，即使唇妆很糟糕都没问题，所以我现在即使不画唇妆也要打造精致的眼部妆容。"

马戏团妆容

The Circus

演绎太阳马戏团各个角色复杂而夸张的妆容是兰最满意的作品。兰去马戏团的时候看见一个年轻的女孩扮成小丑的样子，苍白的面容上描绘着诡异的唇妆，一半是悲伤的哭，一半是调皮的笑，夸张的唇妆贯穿整张脸，十分吓人。传统小丑的妆容有着大而夸张的假发，不合脚的鞋子，脸上画着奇怪的图案，还有一成不变的红鼻子。兰从时尚的角度为切入点，通过打造瓷器般细腻的白色底妆以及水洗般的灰度色彩用色，呈现出一款简化的小丑造型。模特眼睛周围泪痕一般的眼妆在脸颊中间逐渐淡化，简明且图形化，对于这款妆容大家也可以选用其他颜色用于描绘、夸张唇部。

化妆：MAC 专业轻亮粉底液（白色），全效遮瑕粉底（白色），定制遮瑕笔（纯白），眼影（White Frost 以及 Bio green 色），持久纤长睫毛膏，眼影膏，眼影粉（Teal 色号）

摄影：凯瑟琳 · 哈勃

模特：瑞 · 马休斯，@Nevs 模特公司

左图：

化妆：MAC 矿物质润泽粉底液（NC15 号），液体眼线液（Boot Black），眼影（Carbon），唇部遮瑕膏，假睫毛

摄影：卡米尔·桑森

发型：戴安娜·摩尔

造型：卡尔·威利

头饰：Jay Briggs

模特：莉迪亚，@Leni's 模特公司

上图：

化妆：Kryolan supracolor24 色彩盘

摄影：卡米尔·桑森

发型：戴安娜·摩尔

造型：卡尔·威利

外套：Christian Cowan-Sanluis（克里斯琴·圣路易斯考恩）

帽子：Piers Atkinson（皮尔斯·艾特金森）

模特：阿莱莎（Alessa），@Storm 模特公司

掌控好高光及阴影的运用对于把握住舞台角色的精髓十分重要，这能使角色的特点在舞台的灯光下很好地凸显出来。高光一般应用在鼻梁、眼下、颧骨以及眉毛下方。阴影则经常选用比肤色更深更明显的颜色，通常会将阴影涂在眼窝处、鼻梁两侧，或者用于两颊以及下巴处的修容。同时高光以及阴影的技巧也经常被使用在诠释演员所处年代的妆容中。眉眼最能展露情感特点，对演员妆容的塑造尤为关键。眼线需要清晰地勾勒出眼睛的轮廓，用睫毛膏丰盈上下睫毛并用假睫毛加以点缀。最后用定妆粉使整体妆效清爽明了没有油光。

左图：

化妆：Kryolan UV 液体晶彩，Supracolor 闪亮彩盘，眼线笔，HD 无时限眼线膏，经典唇膏（LC007，LC102 色号）；Shu Uemura 假睫毛

摄影：卡米尔·桑森

发型：戴安娜·摩尔

造型：卡尔·威利

帽子及项链：National Theatre Costume

模特：阿莱莎

化妆助理：凯利·怀特

相对页图：

化妆：妙巴黎（Bourjois）烟熏眼妆系列眼影，烘焙胭脂腮红（34，金玫瑰 Rosed'Or，色号）极致烘焙眼影，（03，10 色号），12 小时持久口红（32 色号，Rose Vanity），丝绒唇釉（01 色号，Personne ne rouge 系列），3D 唇釉（29 色号，Rose Charismatic）

服装：贾斯汀·史密斯

模特：杰杰（Jay Jay）

太阳马戏团有着世界最知名的戏剧制作团队，有超过大约 9 千万人观看过他们的演出。太阳马戏团的化妆师娜塔丽·加涅（Nathalie Gagne）是著名的巴黎克里斯琴·肖沃艺术化妆造型学校蒙特利尔分部的第一届毕业生。从 1995 年起她已为太阳马戏团的 16 场演出设计出一千多个造型，其中包括迈克尔·杰克逊（Michael Jackson）的《独一无二》演出，由詹姆斯·卡梅隆（James Cameron）指导的太阳马戏团 3D 电影《遥远的世界》中的演员造型。

是什么给你设计妆容的灵感？

娜塔丽·加涅："我觉得任何事物都会给我带来灵感，不管是昆虫还是建筑。我相信所有事物都有自己的起源，每一个造型背后也都有着它自己的故事，这些都是我在太阳马戏团教演员们化妆的时候会讲到的（他们被要求自己完成为演出设计的妆容）。我发现给他们讲解设计出的妆容背后的故事比以他们脸上画基准线为标准教学容易的多，这也能使他们能通过自己的理解更好地诠释设计出的妆容。"

怎样使妆容与服装搭配融合？

娜塔丽·加涅："妆容是一个角色的灵魂，它使服装和整体造型更为完整，同时它所表达的情感会使杂技演员更好地融入角色。妆容与服装相互融合共同支撑和塑造角色。"

为马戏团演出设计妆容最大的挑战是什么？

娜塔丽·加涅："每次为演出设计妆容时我都必须考虑到杂技演员会出很多汗的因素。他们对演出质量的要求很高，妆容不能妨碍他们的表演，因此需要为他们打造更舒适服帖的妆容 。打造长效持久亮丽的妆容也尤为重要，有时一晚会有两场演出，而且有的演员需要扮演两个角色，所以对我来说最大的挑战就是创作出混合两个角色特点或者同时适合两个角色的妆容。"

对于打造表演妆容是否有诀窍或技巧？

娜塔丽·加涅："遵循脸形与肌肉的走向打造适合的妆容，这样才能更生动直观地表达出角色的情感，否则将会呈现十分糟糕的效果。"

左图：

化妆：MAC 专业轻亮粉底液（白色），全效遮瑕粉底（白色），透明晶亮唇蜜，精准流畅眼线液，Zoom 假睫毛，面部贴花装饰

斗篷：Sorapol

帽子：Justin Smith

模特：卡琳娜 · 怀特，@Select 模特公司

上图：

化妆：Kryolan 多彩眼影盘（V1，Pear 色号），遮瑕粉条，HD 无时限眼线膏，假睫毛

帽子：Piers Atkinson

模特：阿莱莎，@Storm 模特公司

两组图片演绎团队：

摄影：卡米尔 · 桑森
发型：戴安娜 · 摩尔
造型：卡尔 · 威利
化妆助理：凯利 · 怀特
造型助理：阿黛拉 · 佩特兰

第二章

Chapter Two

艺术事业

The Art of Business

第五节　时尚及杂志妆容

“从事化妆行业时，艺术加工是必不可少的，在这一章我分享了很多相关的概念及技巧。”

“很荣幸能为兰的这本书出一份力。作为模特，化妆对于我来说就像在学校的学分那么重要。和兰一起工作十分愉快，她总能以她的眼光恰如其分地打造出适合你特点的妆容。”

——模特 图里（Tuuli）

打造图里

Tuuli by Rankin

兰与兰金一同为其灵感缪斯——模特图里打造四款妆容，希望可以展示如何将一款造型转变成其他三种完全不同的造型。兰先为素颜的图里打造出简约高端的时尚红唇妆。之后兰改变了图里的肌肤质感，加强了妆容的对比度，将最初的妆容改造成拥有亮泽肤质、丰盈双唇以及飞扬眼线的未来感十足的娃娃造型。在此之后，兰增加妆容的色彩，并替代掉原有的眉毛，用光泽闪亮的紫色与粉色描绘出20世纪20年代时装女神的魅力。在此妆容之上兰又加上五彩的颜色、闪亮的肌理效果以及串珠装饰，赋予图里全新的部落造型。在增加两层妆容后，图里脸上汇集丰富的颜色。最后一款妆容兰选择暗黑路线，充满哥特风格的色调与线条，使整体妆容改变后的图里仿佛来自外太空一般。

所有造型摄影：兰金

发型：克莱尔·威尔金森，运用Kevin Murphy（凯文·墨菲）产品

模特：加西亚

发型助理：詹姆斯·兰根（James Langan）

116页图：

化妆：Kryolan晨辉彩盘，HD高解析清透裸妆膏；MAC口红笔（Cherry色号），口红（Ruby Woo，Danger Lady色号）

裙装：Julien Macdonald（朱利恩·麦克唐纳）

珠宝：Liz Mendez古董珠宝

119页图：

裙装及头饰：Furne One（弗内斯·万）

120、121页图：

化妆：Kryolan Supracolor闪亮彩盘；MAC定制遮瑕笔（纯白），全效遮瑕粉底（白色），专业轻亮粉底液（白色），口红（Russian Red色号）；Yves Saint Laurent惊艳持久防水眼线液

紧身衣：Hasan Hejazi（哈桑·荷塞兹）

122页图：

化妆：Kryolan Supracolor闪亮彩盘，眼影膏，HD无时限眼线膏；MAC眼线笔（Smolder色号），晶亮唇蜜（Red，Turquoise色号）；Make Up For Ever 12色闪光彩盘；Ciate珠子

斗篷：尼古拉斯·奥克韦尔（Nicolas Oakwell）

头饰：维基·萨奇

123页图：

夹克：哈桑·荷塞兹

长头巾：飞利浦·特雷西

戒指：维奇·夏兹

项链：丽兹·门德兹古董珠宝

创造美丽形象
Creating Beautiful Images

兰认为美存在于观者眼中，书中的作品影像都是兰对于最纯粹的美的理解与诠释。她以自己的方式通过模特的造型来展现她所感受的艺术与美。无论是发型、服装、头饰还是最后照片呈现的光线都是展现美必不可少的因素。摄影师和艺术家的默契配合十分重要，会为作品增色不少，同出色的摄影师合作会让创作的作品得到超乎想象的升华。

兰起初和用普通相机的新手摄影师合作，不了解如何修饰自己的作品。兰总是努力将自己的造型作品完成得尽善尽美。她始终认为化妆师应该创造出美丽而无需美化的形象。虽然数码拍照技术已经被广泛应用，但是兰并未意识到修片的重要性，直到后来她在网上看到修片前后对比的效果才明白这也是一种“化妆的艺术”。

修片对去除多余的毛发、化妆难以掩盖的肿块和凸起，是十分有效的方法。有些摄影师更倾向于拍摄不上底妆的肌肤，因为厚厚的底妆在后期制作中会使面部轮廓弱化，而真实的皮肤上的瑕疵则更容易被修饰掉。因此打造零妆感的底妆十分重要，如果模特拥有很好的肌肤，那么只需要一点润肤霜、遮瑕膏再点缀上高光就可以打造出完美无瑕的底妆。

化妆：The Body Shop 感光亮彩遮瑕笔，All-In-One 完美零瑕底霜，多用波浪眼影粉盒，分明丰盈睫毛膏，Color Crush 系列眼影（01 色号，Sugar Gaze），唇蜜（自然色）

摄影：卡米尔·桑森

头饰：贾斯汀·史密斯

模特：莱拉，@Profile 模特公司

“化妆师和服装设计师一样都是讲述者，化妆师与发型师共同打造出生动的影像，我们不仅仅是塑造美丽的模特，而是将不可能变为现实。”

——发型师　戴安娜·摩尔

上图：

化妆：Kryolan 晨辉彩盘；MAC 定制遮瑕笔（纯白），眼线笔（Smolder），专业轻亮粉底液，专业修容粉饼（Sculpt）

摄影：卡米尔·桑森

发型：戴安娜·摩尔，使用 Bumble and Bumble 产品

模特：咪咪（Mimi），@Premier 模特公司

相对页图：

化妆：MAC 流云防水眼线膏（黑），唇蜜用于眼部，唇线笔（Redd 色号），口红（Russian Red 色号），提亮乳

摄影：卡米尔·桑森

发型：戴安娜·摩尔，使用 Bumble and Bumble 产品

模特：芭芭拉（Barbara），@Leni's 模特公司

美甲：派波·艾金斯，使用 Chanel（香奈儿）甲油

"一位杰出的化妆师曾告诉我：化妆最重要的不是结果而是过程。她说的很对。享受自己的每一步成长，只有积累才能成为一位真正的艺术家。"

化妆：The Body Shop 高光，遮瑕，Color Crush 系列眼影（01 色号，Sugar Gaze），维生素 E 喷雾，Color Crush 系列口红（101，Red Siren），眉笔 02 号
摄影：卡米尔·桑森
发型：戴安娜·摩尔
造型：卡尔·威利
帽子：MaryMe-Jimmy Paul
斗篷：威廉·坦皮斯特（William Tempest）
模特：佐伊，@Models 1 模特公司

“永远不要停止学习以及对灵感的追寻，最重要的是不要去和别人比较成绩。每个人都有属于自己特有的人生路径。”

——化妆师 桑德拉·库克（Sandra Cooke）

化妆：Kryolan TV 遮瑕膏；MAC 专业轻亮粉底液（白），专业柔雾保湿粉底，唇线笔（Burgandy 色号）；Yves Saint Laurent 限量唇釉（Brun Glace 色号）

摄影：卡米尔·桑森

发型：戴安娜·摩尔

造型：卡尔·威利

帽子：路易斯·玛丽特

模特：克劳迪娅，@Premier 模特公司

化妆：MAC 全效遮瑕膏，眼线笔（Smolder），流云防水眼线膏（黑），油彩棒
摄影：卡米尔 · 桑森
发型：戴安娜 · 摩尔，使用 L'Oreal 专业产品
扣子头饰：贾斯汀 · 史密斯
模特：芭芭拉，@Leni's 模特公司

“发型师、造型师以及化妆师都是创意团队必不可少的部分，随着时尚行业的迅速发展，客户需要的不再是单纯的提供产品，而是希望通过化妆去展现他们的身份及背景。”

——Toni &Guy 全球创意总监　萨夏·迈斯珂露－塔布克（Sacha Mascolo–Tarbuck）

杂志妆容

Editorial

杂志妆容，是化妆师为时尚杂志和广告大片打造的搭配服装的妆容。杂志妆容讲求自然而不失创意，好的杂志妆容具有很强的故事性。同时，杂志妆容多是由造型团队来完成，这样能够更好地权衡和把握整体造型。

化妆是一种艺术形式，但是也需要很多技巧来形成一定的风格。同样的妆容表现在不同模特的脸上也会产生不一样的妆效，每一个化妆师都有自己独特的用色以及塑造高光与皮肤肌理的方式。正因如此我们才会在杂志上看到那些有趣而新奇的造型。

与帽饰设计师路易斯·玛丽特以及贾斯汀·史密斯合作是一段美好的经历，同时也为兰带来更多灵感。这样的合作促进发散思维和构思天马行空的创意。有时候其他设计师的话题也会激起全新的灵感，兰的很多设计创意与创新的技巧都是在同其他人合作的时候闪现出来的。

和发型师的合作，尤其是同标新立异的前卫发型师合作是最能启发新灵感的形式。化妆能够传递情感，提升整体造型，如果妆容出问题也会让搭配的发型黯然失色，使模特失去本来的魅力。靓丽的妆容以及优美的发型需要相互融合，达成平衡，两者都同等的重要，只有这样才能拥有完美的造型。

化妆：MAC 全效遮瑕膏；面部贴花装饰；TopShop 摇滚唇笔（Unkempt 色号），渐变色眼影（Pocket Money 色号），眼线笔（Bambi 色号），睫毛膏，金色光环眼影盘

摄影：卡米尔·桑森

模特：拉克扎（Lakiza）

“这些图片展现了我生命中真实情感与亲身经历的片段。”

——帽饰设计师　路易斯·玛丽特

化妆：Kryolan 光灿粉妆慕丝（金色），supracolor interferenz 彩盘（青铜色）
摄影：卡米尔·桑森
帽子：路易斯·玛丽特
模特：姚柔·科内特（Yaourou Konate）
外景：沙卡·祖鲁（Shaka Zulu）

下一页图：
化妆：Kryolan 紫外线底妆盘，supracolor24 色彩盘；眉毛由艾娜·诺荷尔（Iana Nohel）化妆
摄影：卡米尔·桑森
发型：戴安娜·摩尔
造型：卡尔·威利
珠宝：维基·萨奇

本页及相对页图：

化妆：Kryolan supracolor 闪亮彩盘，光灿粉妆慕丝（银色），HD 无时限眼线膏（乌木黑色）

摄影：卡米尔·桑森

发型：戴安娜·摩尔，使用 Kevin Murphy 护发产品

模特：（上图）芭芭拉，@Leni’s 模特公司，（相对页图）莱拉，@Profile 模特公司

140–141 页图：

化妆：MAC 分子提亮笔（纯白），眼线笔（黑檀色），单色眼影（碳色）

摄影：卡米尔·桑森（Camille Sanson）

头饰：贾斯汀·史密斯（Justin Smith）

模特：莱拉，@Profile 模特公司

“从20世纪20年代的优雅、装饰艺术开始，到四五十年代战乱时期服装的结构主义，这几十年间时尚逐步发展，现代化的定义也慢慢被推进。”

——造型师　卡尔·威利

"作为造型师我最需要清楚的就是什么时尚。纵观其发展，无论时尚有着何种发展趋势，最终都会以新的形式再次轮回呈现。"

——造型师　卡尔·威利

化妆：Make Up For Ever 12 色闪光彩盘；MAC 流云防水眼线膏（黑），The Body Shop Color Crush 系列眼影（015 色号，Moonlight Kiss）
摄影：卡米尔·桑森
发型：戴安娜·摩尔
造型：卡尔·威利
帽子：维多利亚·格兰特
服装：金属色外套以及小黑裙，Qasimi
模特：咪咪，@Premier 模特公司
造型助理：阿黛拉·佩特兰

“时尚是一种痛苦的美。”

——时尚设计师　斯诺普

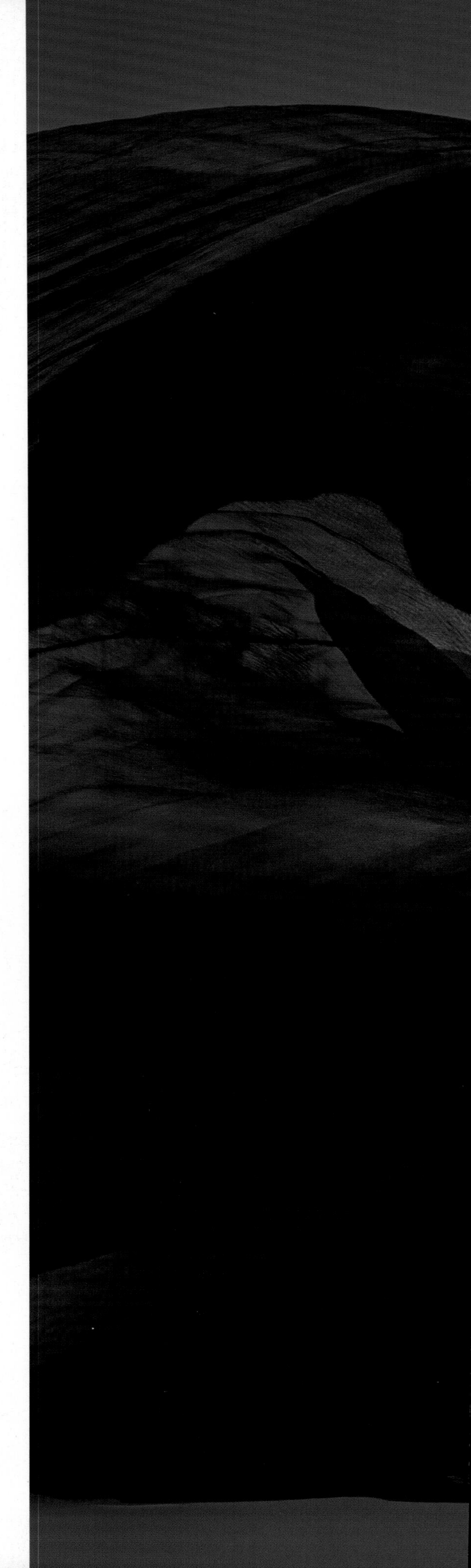

化妆：MAC 全效遮瑕膏；TopShop 摇滚唇笔（Unkempt 色号），渐变色眼影（Pocket Money 色号），眼线笔（Bambi 色号），睫毛膏，金色光环眼影盘；面部贴花装饰

摄影：卡米尔·桑森

发型：戴安娜·摩尔

造型：卡尔·威利

服装：Sorapol

模特：拉克扎

造型助理：阿黛拉·佩特兰

美甲：Freelance 美甲工作室，埃西

第六节　魔法定律

质感，唇妆，眼妆，化妆

“我觉得那些制作化妆品的化学家都是创新者，正是他们的创新才让我得以创造新颖的造型，用全新的质感和颜色重现经典。”

质感
Texture

质感的呈现是完成整体造型的最后一步，如沾满露珠的肌肤、闪亮光泽、雾面朦胧的效果、柔软丝绒和各种矿物的质感等。已经证实现今化妆品具有滋养、保护肌肤的功效。在皮肤以及眼、唇上运用不同的化妆质感，对造型的诠释以及氛围的烘托极为重要，不同化妆质感的应用可以突出面部妆容。

打造有层次的质感是使造型更丰满立体的重要技巧。干湿两用的产品是化妆艺术的重要发展，这使人们可以拥有更多选择，使用霜状、粉状或丝绒质感的产品来完成妆容。

将天然颜料制成的粉末刷涂在皮肤上，便可轻松塑造矿物质感的妆容。

前一页图：

化妆：The Body Shop All-In-One 完美零瑕底霜，遮瑕，高光，Color Crush 系列眼影（01 色号，Sugar Gaze；240 色号，Gorgeous；301 色号，Pink Crush；310 色号，Berry Cheeky；401 色号，Lavender Love；410 色号，Blackcurrant Affair），睫毛膏，眼线（01 色号，黑），闪亮小方盘（紫色），All-In-One 腮红（马卡隆色），Color Crush 系列口红（245 色号，Pink Luxe）

摄影：卡米尔·桑森

发型：戴安娜·摩尔，使用 Bumble and Bumble 产品

模特：芭芭拉，@Leni’s 模特公司

相对页图：

化妆：Givenchy（纪梵希）眼线笔；MAC 眼影（Idol Eyes 色号），Tom Ford（汤姆·福特）唇彩（Nude Vanille 色号），Clarins（娇韵诗）晶莹美颜霜，Yves Saint Laurent 限量粉底

摄影：卡米尔·桑森

发型：戴安娜·摩尔

后期制作：卡崔恩·斯特鲁普（Katrin Straupe）

美甲：派波·艾金斯，使用 Tom Ford 甲油（Coral Blame 色号）

后页图中的：

左图：

化妆：MAC 黑色眼线笔，压缩珠光眼影粉（Ruby Red，Marine Ultra），闪粉（Reflects Red，Reflects Turquatic）；Sisley（希思黎）Phyto-lip 唇彩

摄影：卡米尔·桑森

右图：

化妆：MAC 口红（Russian Red 色号），唇线笔（Redd 色号）；Giorgio Armani（乔治·阿玛尼）臻致丝绒哑光唇釉（007 色号）

摄影：卡米尔·桑森

美甲：派波·艾金斯，使用 Tom Ford 甲油（Bordeaux Lust，Carnal Red 色号）

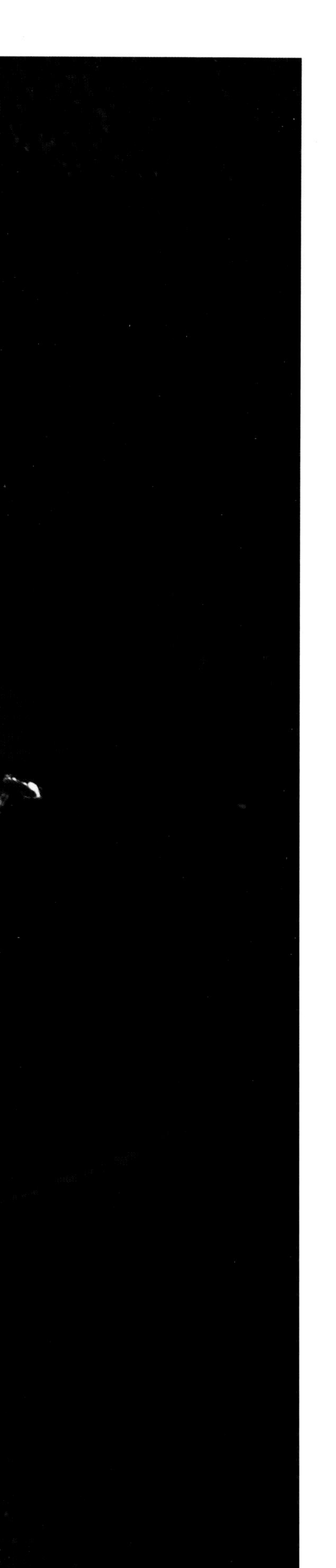

“这个世界上有太多为别人化妆的人，但真正出色的化妆师是因为特有的风格而被推崇。色调、质感、形态、氛围、光线以及色彩的选择对打造完美造型都同样重要。”

——美容记者&著名化妆师

蕾切尔·伍德（Rachel Wood）

化妆：Dior（迪奥）限量丝绒烈艳蓝金唇膏（999），水感液体唇膏（754，Pandore色号）

摄影：凯瑟琳·哈勃

“Beautiful Movements Cosmetics是很好的化妆品，她的产品零动物实验、纯天然富含矿物质，色彩时尚靓丽、妆效完美无瑕。产品含有氧化锌、芦荟以及荷荷巴油等成分，可提亮肤色。”

——Beautiful Movements Cosmetics首席执行官
金贝莉·怀特（Kimberly Wyatt）

上图：

兰用 Beautiful Movements Cosmetics 化妆品进行腮红的晕染。

下一页图：

化妆：kryolan HD 无时限眼线膏（乌木黑色），眼线笔（黑），supracolor 闪亮彩盘

摄影：凯瑟琳 · 哈勃

化妆：kryolan UV 晨辉彩盘，HD 无时限眼线膏（乌木黑色）
摄影：马克 · 坎特
模特：艾丽

左右两页及下一页图：

化妆：Kryolan supracolor 闪亮彩盘，UV 晨辉彩盘，HD 无时限眼线膏，眼线笔（黑），Obsessive Compulsive Cosmetics 唇油

摄影：马克 · 坎特

模特：艾丽

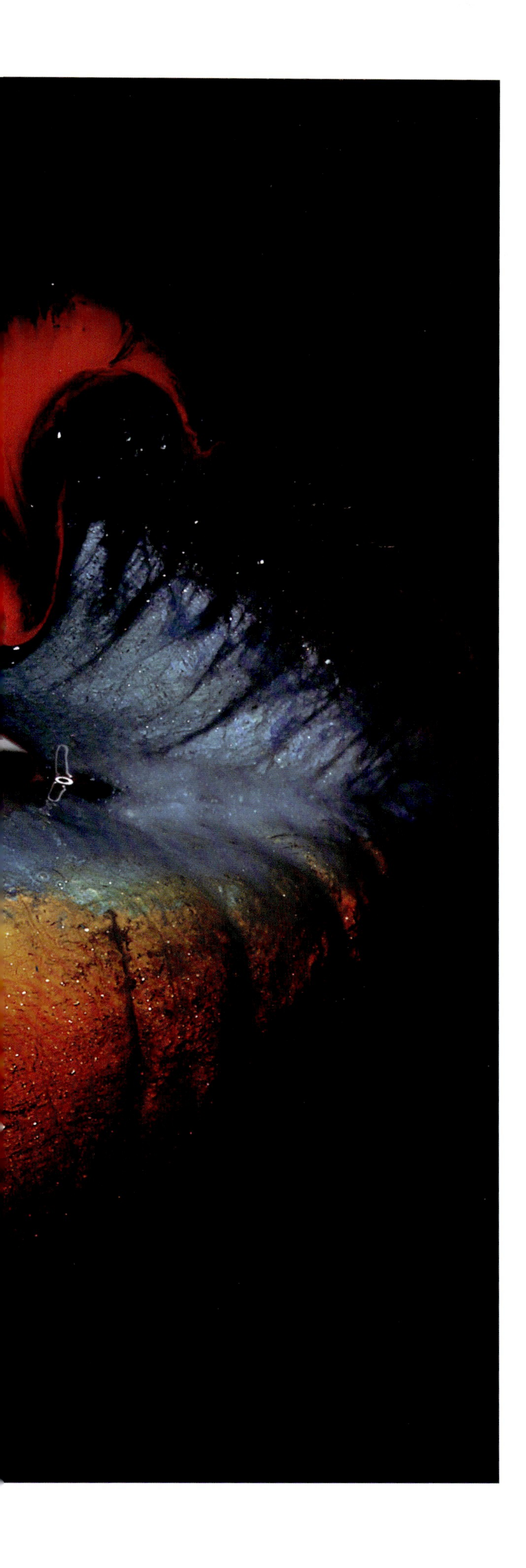

唇妆

Lips

唇部妆容的色调和质感有时可以奠定整体妆容的基调。20 世纪 40 年代电影行业的发展让经典的红唇造型成为好莱坞式魅力的代名词，同小黑裙一样，一再成为新的流行并演变为永恒的时尚。亮色唇部妆容搭配猫眼一般的眼线、提亮眼眸的梦露式睫毛、精致的眉毛和浓重的腮红，会使整体妆感极具视觉冲击力。

选用比自己口红颜色略深的唇线笔，从上唇丘比特弓的位置向外描绘出唇形。然后用唇线笔将整个唇部涂满，为唇部打底以保持持久的唇效。色彩鲜艳的荧光亮红和橘红色都是现在最流行的色调。闪亮的唇色可以更好地修饰过薄的唇部轮廓，而哑光的色彩更适合自然饱满的唇部。大家可以自行调配适合自己的红色，只要选对适合自己肤色的色调，红色唇妆会适合各种妆容。选择适合自己的红色口红通常可以遵循以下规律：以黄色或橘色为基调的红色口红更适合暖色调肤色的人，而冷色调肤色的人则应该选择偏蓝色系的红色唇妆。可以大胆地选择妆容的唇色，适合自己和多变的唇色能让人拥有更好的精神和气色。

哑光或闪亮的时髦红唇妆都可以轻易地搭配奢华的妆容。运用粉状质感的口红打造优雅的半哑光精致唇妆，非常适合日常或职场妆容。如加上一层闪亮光泽感的口红，会彻底改变唇妆的感觉，同时提升整体妆效。有时在丘比特弓中间添加一点红色就可以营造娃娃般的唇部妆感。可以选择保守干净的闪亮唇妆，也可以尝试高饱和的亮色。

化妆：Make Up For Ever12 色闪光彩盘；MAC 透明晶亮唇蜜；Obsessive Compulsive Cosmetics 唇油

摄影：约翰·奥克利（John Oakley）

所有图片摄影：约翰·奥克利

相对页图：

Giorgio Armani 臻致丝绒哑光唇釉（401 色号，Tibetan Orange），奢华晶漾唇蜜（102 色号）

上图：

kryolan supracolor24 色彩盘、魅力火花系列、UV 油彩、液体晶彩、闪粉、supracolor 闪亮彩盘、晶亮水彩

中间图：

MAC 流云防水眼线膏（黑）、闪粉（Reflects Purple，Reflects Pearl，Reflects Turquatic，Amethyst），唇彩

下图：

（左图）Bourjois 丝绒唇釉（03 号，Hot Pepper），水润镜面唇釉，红唇系列，极致烘焙眼影（10 色号）

（右图）Bourjois 丝绒唇釉（06 号，Ping Pong），紫红色舞曲口红

"美容业依赖于人们改变现状的愿望，随着数字化技术的发展，幻想与现实之间的差距变得越来越大。人们对外貌获得惊人的变化效果有更多的期待，这促使大众对短期而高效的产品有了更大的需求。"

——化妆师　菲利斯·科恩

下图：

化妆：MAC PPT 眼线笔（So There Jade 以及 Prussian 两色），闪粉（Reflects Purple Duo，Reflects Turquatic，3D 金，3D 熏衣草紫，3D 粉，3D 银）

摄影：马克·坎特

相对页图：

化妆：Kryolan supracolor 闪亮彩盘、液体晶彩、闪粉眼影

摄影：马克·坎特

模特：艾丽

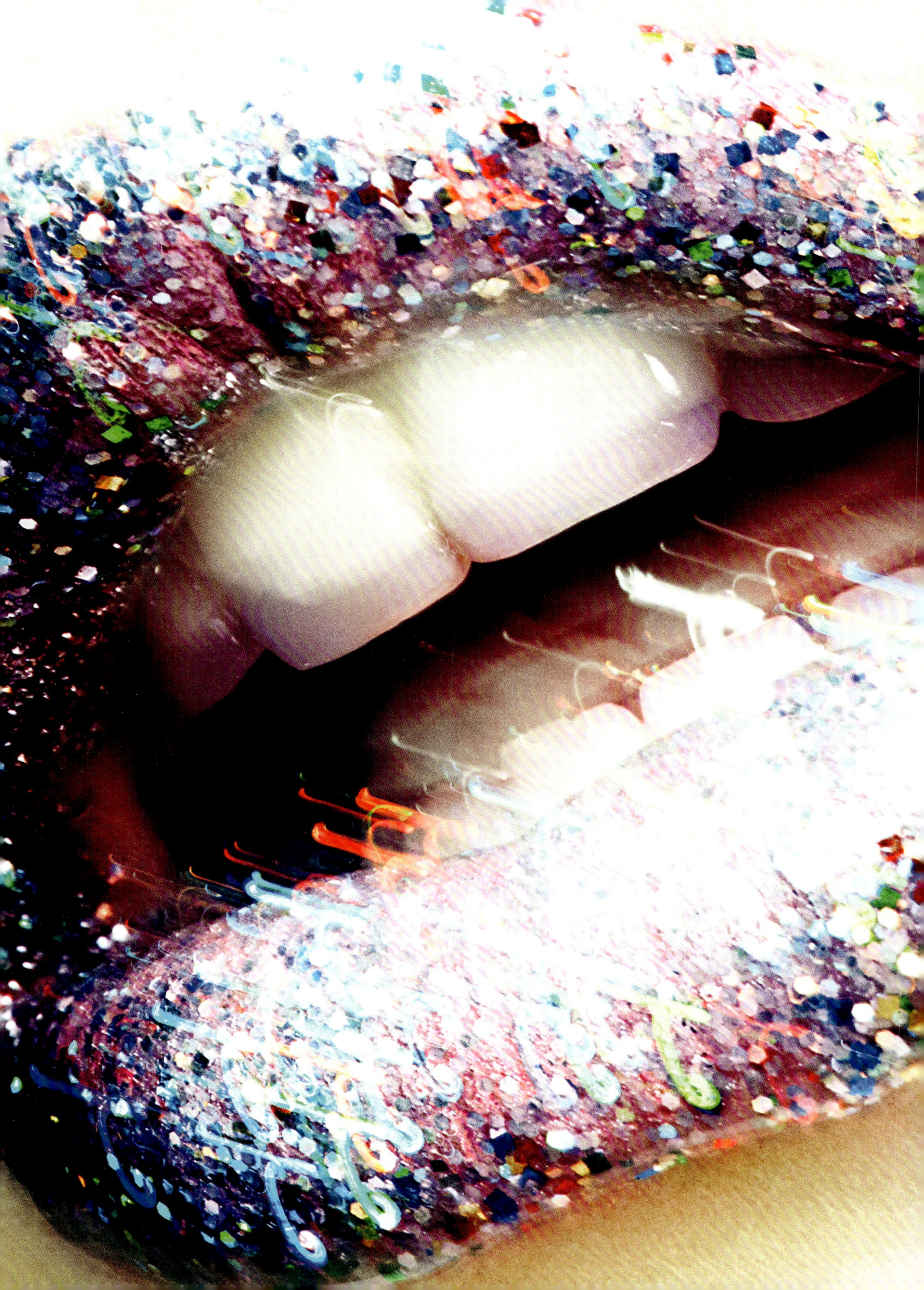

上图：
化妆：Kryolan 晨辉彩盘
摄影：凯瑟琳・哈勃

下一页图：
化妆：Kryolan 晨辉彩盘
摄影：约翰・奥克利

眼妆

Defining the Eyes

很显然，打造出生动的黑色眼妆需要选择颜色足够深暗的黑色眼影，当然化妆品专柜上有很多不同分类的黑色眼影，有的偏蓝色，有的则属于灰色系，但真正用于眼部时你会发现它们并不十分显色。兰一般在上黑色粉状眼影之前会用一层黑色凝胶油彩作为底妆，这样不仅妆效持久，也能保证眼妆色彩的深度。

画出完美的下眼线需要很长时间的练习。先用细眼线笔勾绘出基本的眼部线条，再用平眼影刷在画好的线条上一点点加深。选择眼线胶或者防水的液体眼线笔可以获得更持久的妆效。如果模特属于油性肌肤，那么应该在眼线处用一些眼影粉定妆，以防止眼线晕开。画出像名模崔姬一样的眼妆需要用眼影在眼窝处营造清晰的轮廓，轻松打造 20 世纪 60 年代的复古妆感。

其实眼线未必需要十分精致，一丝不苟，画性感的眼妆可以将眼角处深色眼线淡淡晕染上扬，形成朦胧凌乱的妆效。可以利用眼线调整眼形，如运用白色的眼线将丹凤眼视觉扩大，画上扬的眼线打造猫眼效果来改善下垂眼形。

化妆：MAC 流云防水眼线膏（黑），眼线笔（Smolder 色号），6#、12# 假睫毛，眼线胶

摄影：马克 · 坎特

化妆：MAC 流云防水眼线膏（黑），定制遮瑕笔（纯白），眼影（White Frost 色号），防水无重力轻盈睫毛膏，2# 假睫毛

摄影：凯瑟琳·哈勃

化妆：Bourjois 气场女王眼线蜡笔，极致烘焙眼影（10色号），一秒丰盈睫毛膏（Ultra Black）
摄影：凯瑟琳·哈勃

化妆：Yves Saint Laurent 惊艳持久防水眼线液
摄影：马克·坎特
模特：艾丽

眼线画法

Ideas for Lined Eyes

Max Factor 纤柔持久眼线液

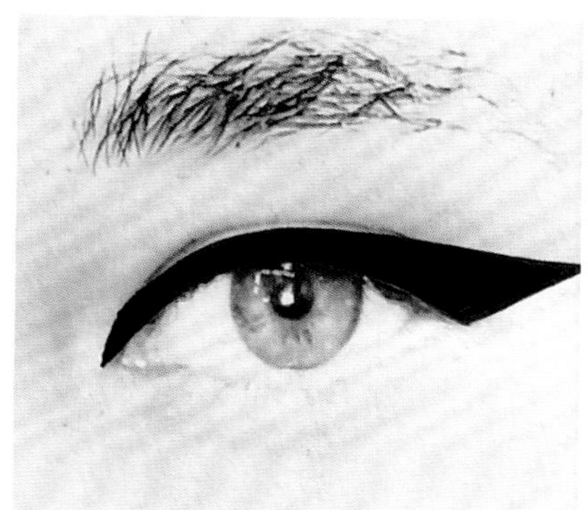

Yves Saint Laurent 惊艳持久防水眼线液

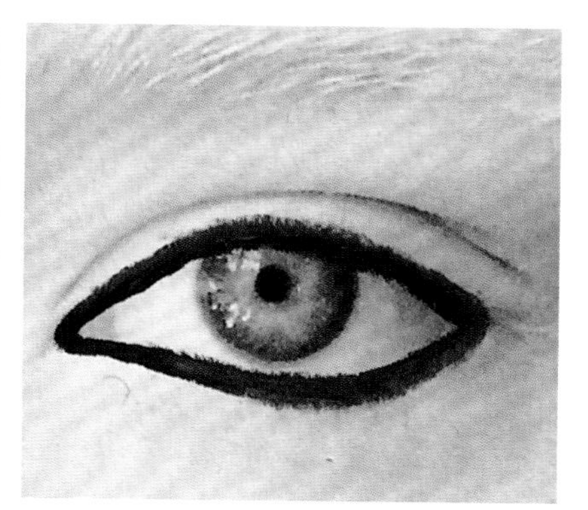

Bourjois 气场女王眼线蜡笔

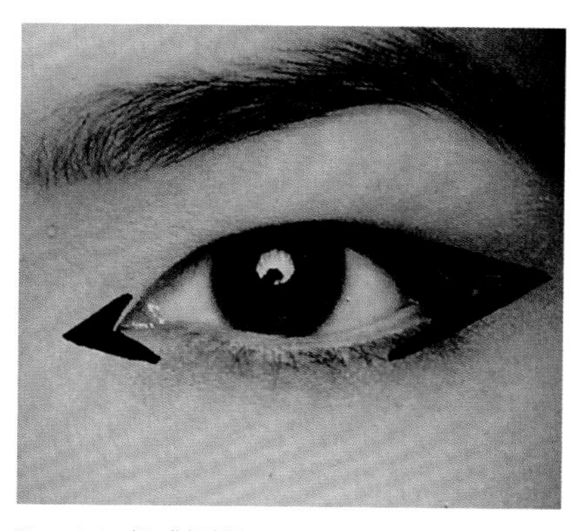

Bourjois 媚惑超模极黑防水眼线笔

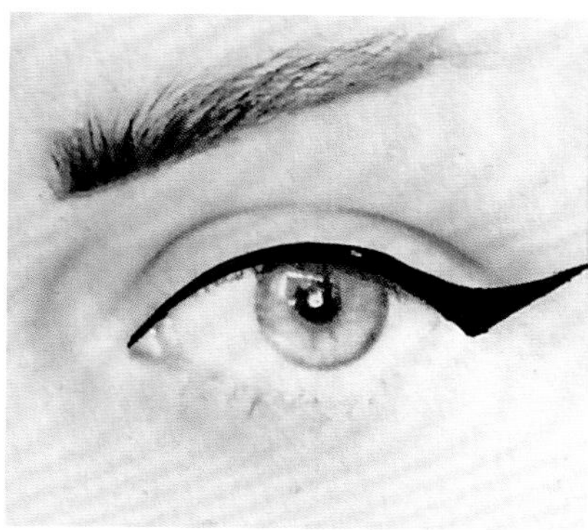

Rimmel（芮谜）倾城魅眼眼线膏

MAC 流云防水眼线膏（黑）

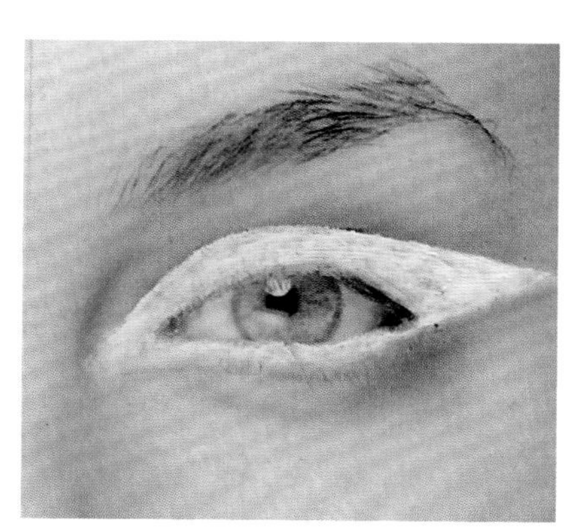

MAC 定制遮瑕笔（纯白）

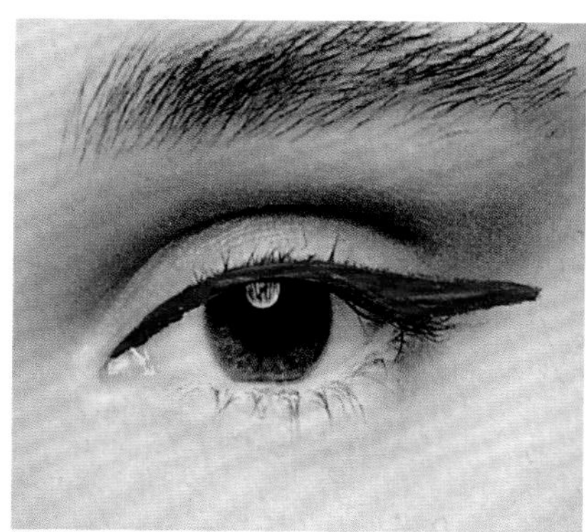

Yves Saint Laurent 防水润滑眼线笔

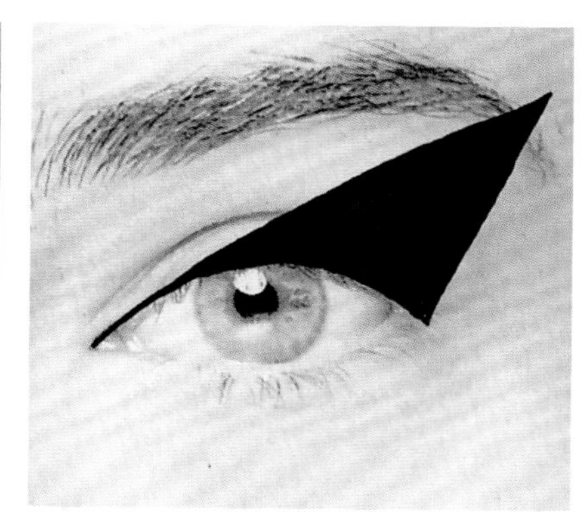

Barry M 闪亮眼部马克笔

“我并不遵循色彩定律来打造眼妆，色调和阴影结合才是画好彩色眼妆的关键。”

彩色眼妆

Colour on the Eyes

如果你被专柜五颜六色、不同质感的眼妆产品所迷惑，或者将相同色泽的眼影叠加以求加深眼部妆容，那么是时候重新学习一下如何画好彩色眼妆。基本上，蓝色的眼妆需要搭配棕色、金色、紫红色、红棕色以及桃红色等色调使用。棕色眼妆可以削弱霓虹色、纯色以及金属色的色彩感。绿色的眼妆点缀紫色或香芋色会得到很好的妆效。深色调的眼影则常配合内眼角的白色眼线，运用于上眼睑和眼尾。

使用闪亮的眼影是一个复杂的过程，需要很好的眼影底妆作为基础，选择眼影膏打底是很好的方法。将闪粉用手指按压在底妆的眼影膏上比用眼影刷上妆的妆效更为持久。当然，也可以使用无色的眼妆调和剂混合出千变万化的色彩眼妆。

打造色彩鲜明的眼妆时不能忽略假睫毛的问题。有技巧地使用假睫毛才会使眼妆更丰富、更具有个性。也可以根据个人的需求选择不同妆效的假睫毛：纤长的假睫毛一般用于眼尾，拉长眼部线条，轻盈卷翘的假睫毛则能达到眼睛变大的效果。节日的时候也可以选用闪粉、羽毛和闪钻打造专属的假睫毛妆。

化妆：Mark Traynor 美容机构，kryolan supracolor 闪亮彩盘，supracolor interferenz 彩盘，6 色眼影胶
摄影：卡米尔 · 桑森
模特：苏菲 · H（Sophie H），@Profile 模特公司

彩色眼妆画法

Ideas for Coloured Eyes

Tom Ford 四色眼影（Titanium Smoke）

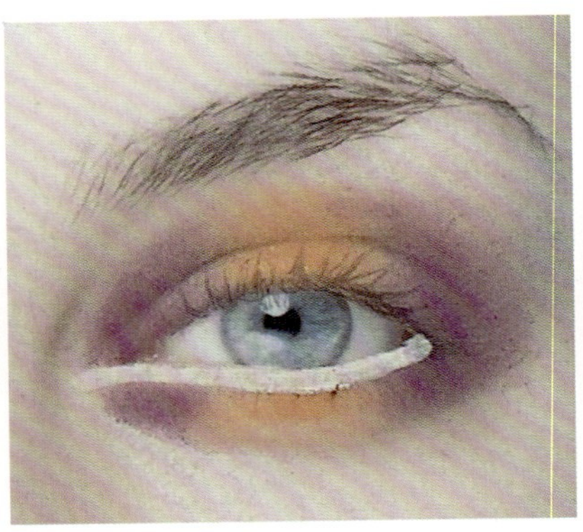

KIKO 干湿两用眼影；MAC 魅可眼线笔（Fascinating 色号）

Barry M 金属色眼线笔（mle4）；MAC 眼线笔（smolder 色号），眼影（Carbon 色号）

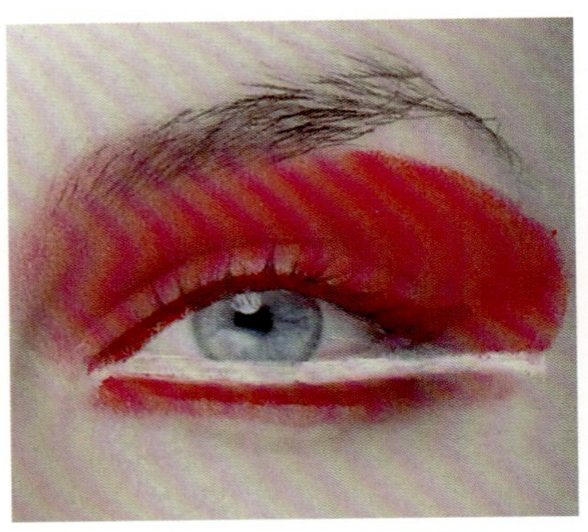

The Body Shop Color Crush 系列眼影（310 色号，Berry Cheeky）；NYX 眼线笔（白色）

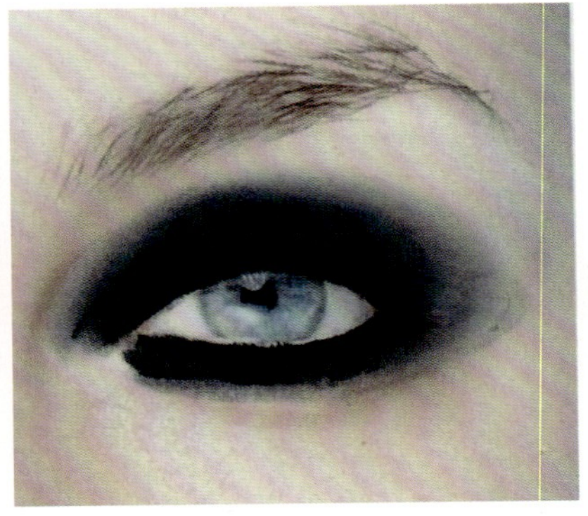

MAC 流云防水眼线膏（黑）；The Body Shop Color Crush 系列眼影（515 色号，Blue Over You）；MAC 眼线笔（smolder 色号）

NARS 双色眼影；Rimmel 倾城魅眼眼线膏

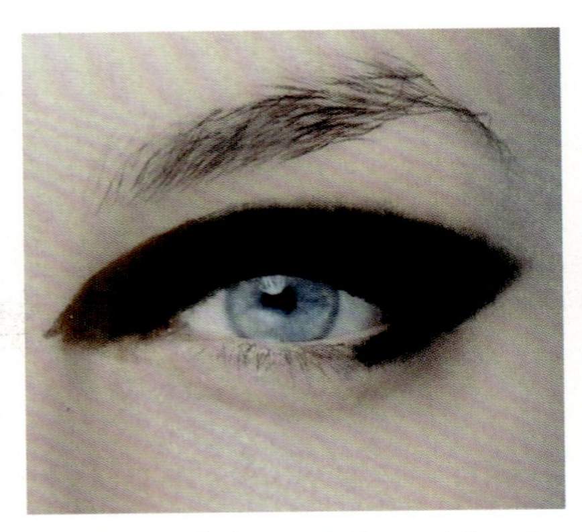

NARS 眼影膏（Snake Eyes，Iskandar 色号）

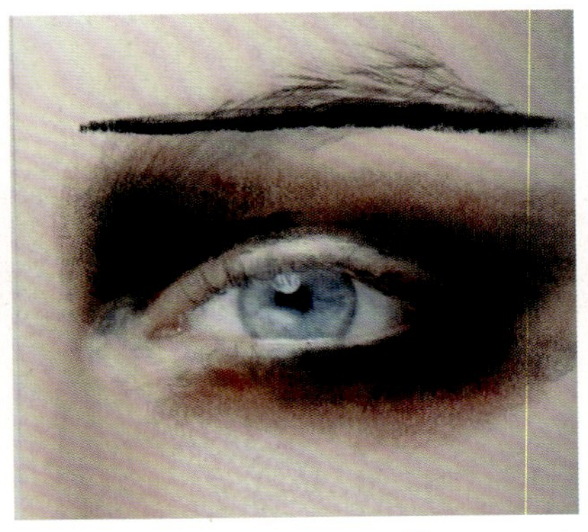

Make Up Store（化妆小铺）眼影（Rumble 色号）；MAC 眼线膏（黑），眼影（Sketch，Plum Dressing，Gesso 色号）

The Body Shop Color Crush 系列眼影（001 色号，Sugar Gaze；110 色号，Sand By Me；505 色号，Boyfriend Jeans；510 色号，Something Blue；601 色号，Chat-Up-lime；605 色号，Sweet Pea），眼线液（黑）

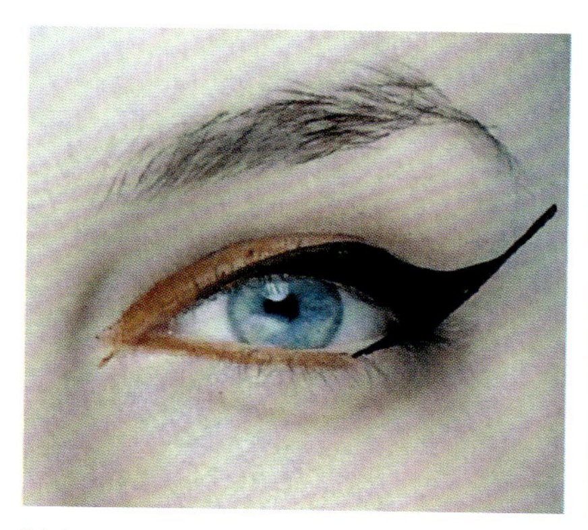

Make Up For Ever 防水炫色眼影膏（12 号，Golden Copper）；MAC 流云防水眼线膏（黑）

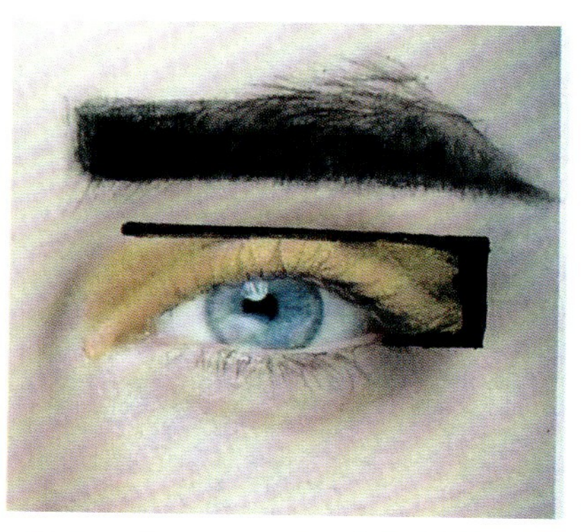

The Body Shop Color Crush 系列眼影（240 色号，Gorgeous Gold），眼线液

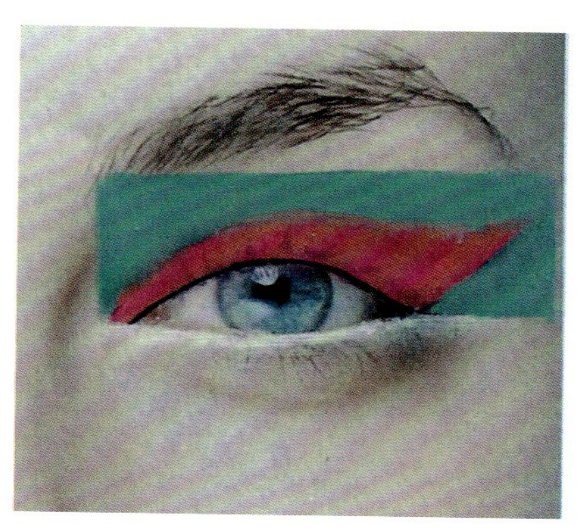

kryolan HD 无时限眼线膏（甜蜜粉、海洋蓝）

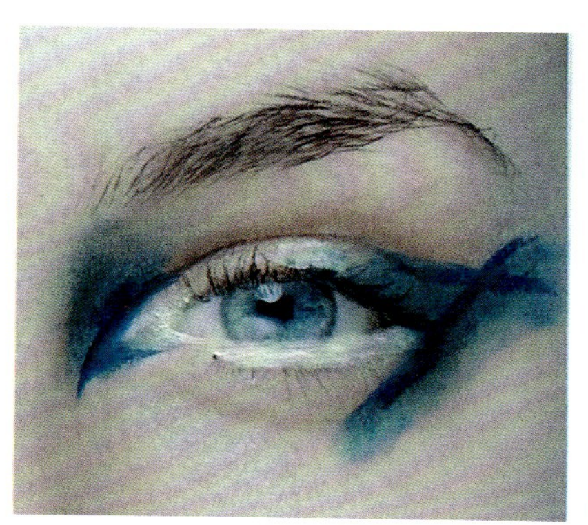

kryolan HD 无时限眼线膏（天蓝），亮蓝及深蓝色来自 Shades Eye Shades 眼影盘（Dublin）

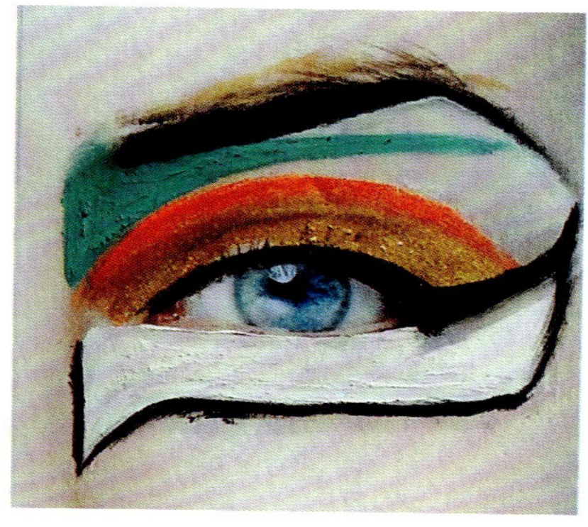

Make Up For Ever 12 色闪光彩盘

kryolan 闪亮彩盘

Make Up For Ever 12 色闪光彩盘；魅可闪粉（3D 银）

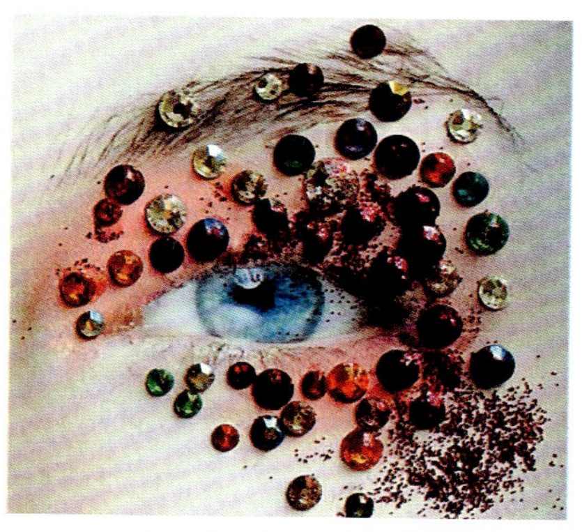

kryolan 粉色眼影；施华洛世奇水晶装饰

上图：

化妆：MAC 眼线笔（smolder 色号），闪粉（Turquoise，3D 黑）；Eldora 假睫毛

左图：

化妆：MAC 假睫毛，闪粉（Amber Lights，Chrome Yellow，Cranberry，Reflects Antique Gold，Reflects Bronze 色号），眼线笔（smolder 色号）

相对页图：

化妆：MAC 眼影粉（深蓝绿、金橄榄绿）；Eldora 假睫毛

摄影：卡米尔·桑森

模特：佐薇·凯伊

化妆
Get the Look

化妆时选择正确的化妆刷尤为重要——它们会使你的化妆过程更为方便、快捷。通过化妆刷的按压和扫动可以打造所需的各种妆效。为了更好地呈现妆感，根据所需的妆效设计不同形状的化妆刷。以下是化妆必备的几款化妆刷。

工具列表从中上方顺时针排列

1. MOXI（摩西）01 号尼龙粉底刷。
2. MAC 208 斜角眉刷。
3. The Body Shop 混染眼影刷。
4. Kryolan 专业化妆刷。
5. Shu Uemura 合成 6M 唇刷。
6. Hakuhodo（白凤堂）腮红刷。
7. Charles Fox（查尔斯·福克斯）遮瑕膏刷。
8. Shu Uemura 粉刷（158 号）。
9. Make Up For Ever 修容刷。
10. Kryolan 眼影刷 9363 号（用于鼻影及高光）。
11. Charles Fox 颧骨修容刷。
12. MAC 高光刷 233 号（可用于霜膏状高光）。
13. Shu Uemura 眼影刷 10 号。
14. Charles Fox 眼窝混染刷 681479 号。
15. MAC 高光眉刷 239 号。

摄影：凯瑟琳·哈勃
模特：佐伊·班克斯，@MOT 模特公司

1
2
3
4
5
6
7
8
9
10
11
12
13
14
15

打造适合深邃小眼的个性烟熏妆

烟熏妆是适合各种眼形的经典眼妆。恰当的用色和正确的化妆方式打造的烟熏妆会让眼睛看起来更长、更深邃、更明显，同时可以修饰眼形不对称的问题。根据眼形来画适合的烟熏妆，会使小眼看起来更立体、迷人，同时也使眼睛看起来更大而有神，个性十足。

Benefit 反恐精英控油毛孔遮瑕膏打造肌肤底妆，Tweezerman（微之魅）修眉镊子及眉毛慕斯打造眉毛妆容。

摄影：凯瑟琳·哈勃

发型：池莉·萨托

模特：安吉（Angie）

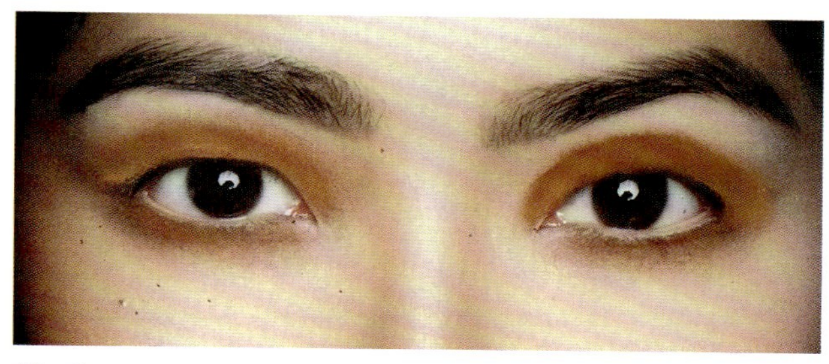

第一步

用 Armani 初妆亲肌修饰乳，NARS 雾面眼部遮瑕蜜以及 Laura Mercier（罗拉玛斯）神秘焕采蜜粉打造底妆，再用 The Body Shop 眉睫两用定型胶为眉毛和睫毛打底。

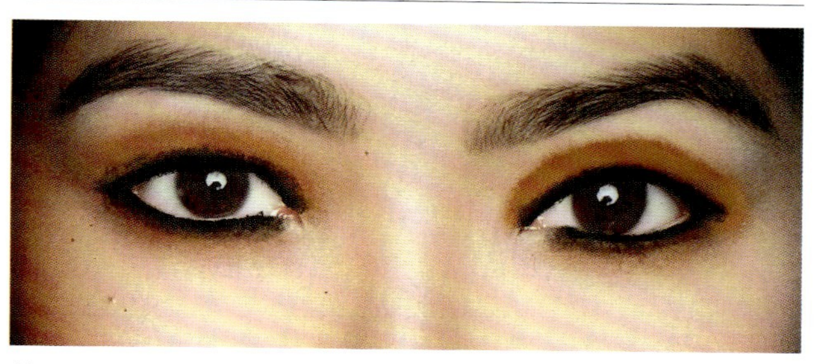

第二步

选用 Make Up For Ever 防水炫色眼影膏（12 号，Golden Copper）沿着眼窝的轮廓随着眼形完成基底眼影。

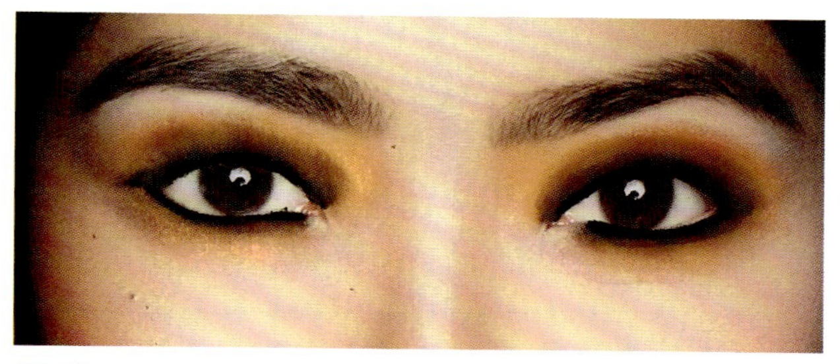

第三步

以 MAC 眼线笔（Smolder 色号）描绘上下内眼线并将内眼线自然晕开与睫毛线相融合。

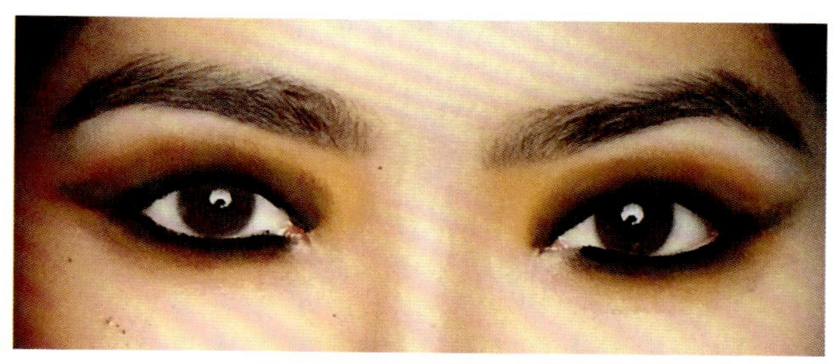

第四步

选择 NARS 双色眼影（Isolde）从内眼线向眉毛方向逐渐加深，下眼线处以金色眼影上色，并在眼窝处加以棕色。

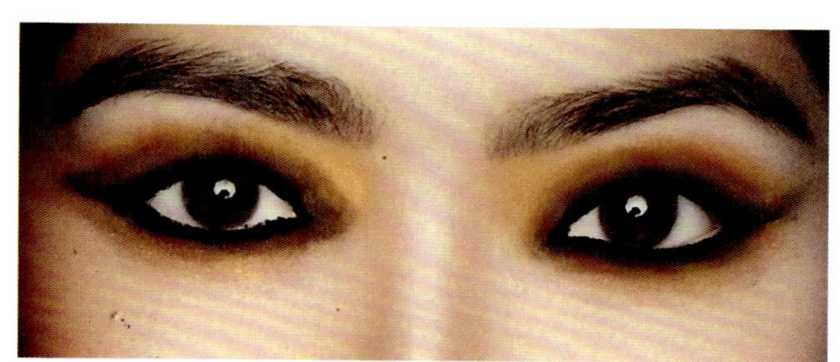

第五步

再用眼线笔沿睫毛线加深描绘出上扬的眼线，并自然晕开。

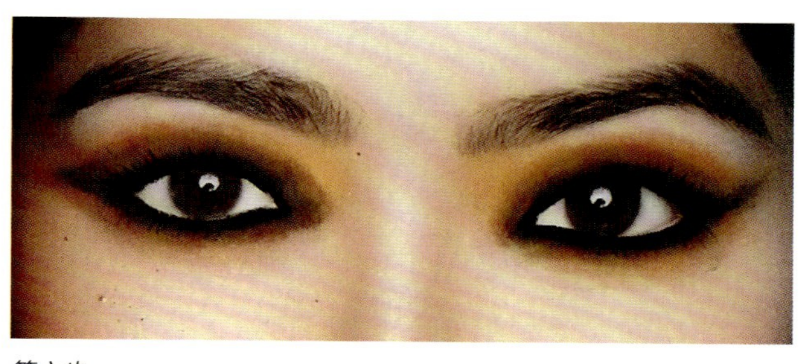

第六步

把外眼线的边缘用 NARS 双色眼影（Surabaya）加深、延伸，同时也以同样的方式加强下眼线，最后将内外眼线融汇。

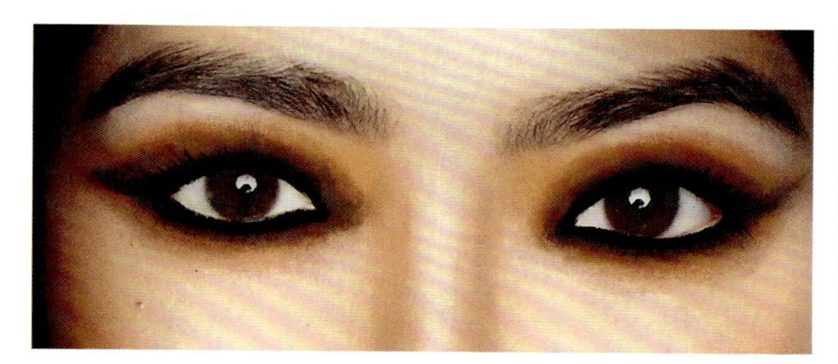

第七步

使用 Giorgio Armani 液体防水眼线笔进一步加深眼妆，并用 Bourjois 纤长浓密防水睫毛膏涂抹上下睫毛。面部修容以及鼻影的修饰则使用 MAC 专业修容粉饼（Sculpt，Shadester）。

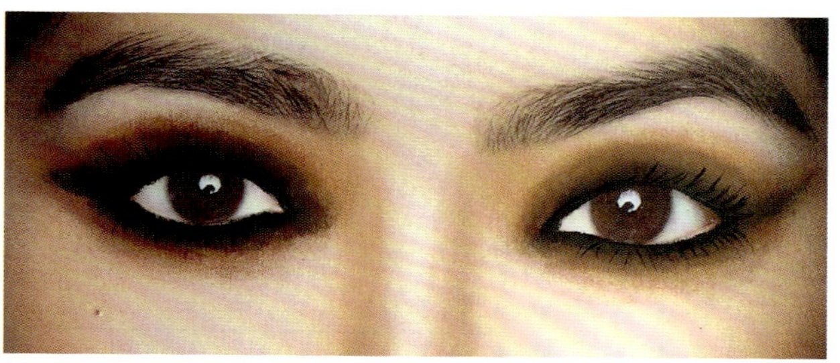

第八步

最后用 MAC 眼影（White Frost）为鼻子中部及颧骨上部提亮高光，用 MAC 唇膏（Peachstock）画上唇妆，用珠光玻璃唇彩（Instant Gold）进行点缀，打造唇部裸妆效果。

打造适合大眼的个性烟熏妆

大眼会比小眼更明显有层次，因此打造大眼烟熏妆需要呈现相对柔和的妆效。眼睛大的人会有更多的上妆空间，掌握好眼部妆容与整体妆容的比例尤为重要。

Benefit 反恐精英控油毛孔遮瑕膏打造肌肤底妆，Tweezerman 修眉镊子及眉毛慕斯打造眉毛妆容。

摄影：凯瑟琳·哈勃

发型：池莉·萨托

模特：艾丽

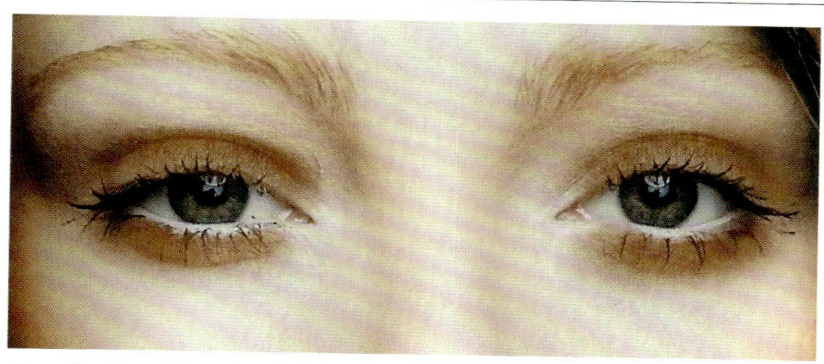

第一步

用 Yves Saint Laurent Top Secrets 全效隔离霜、The Body Shop 提亮乳以及 NARS 眼部遮瑕进行初步的底妆，再用 MAC 眼影（Bronze）晕染眼睛下部及眼窝处。

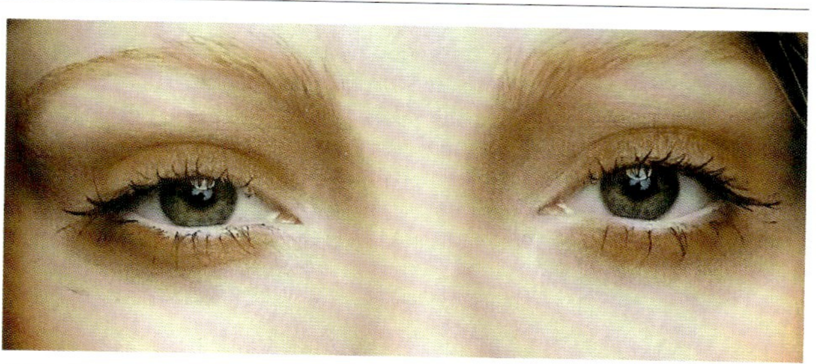

第二步

在底妆的基础上将眼窝处刷上 Laura Mercier 闪烁眼影（Earth Glow），并将眼影从眉下向鼻翼两侧晕染以使鼻梁的轮廓更为鲜明，同时用眼影刷轻扫睫毛线处进行加深。

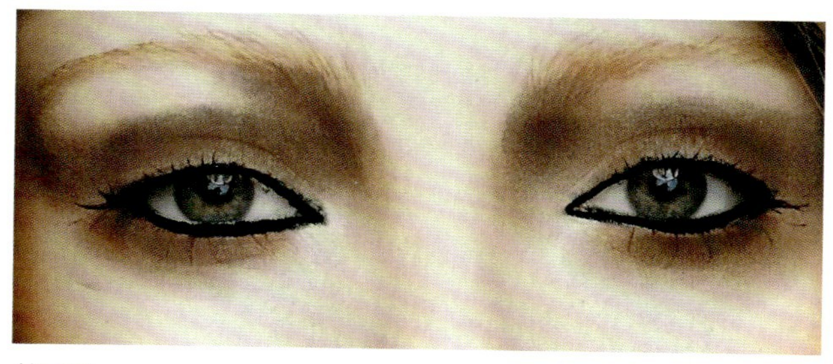

第三步

使用 Giorgio Armani 决战时尚眼影（3）描绘出眼窝轮廓，并晕染至眼睛内侧以及鼻翼处，之后选用 Yves Saint Laurent 眼线笔（Velvet Black）勾绘内眼线并稍稍晕开。

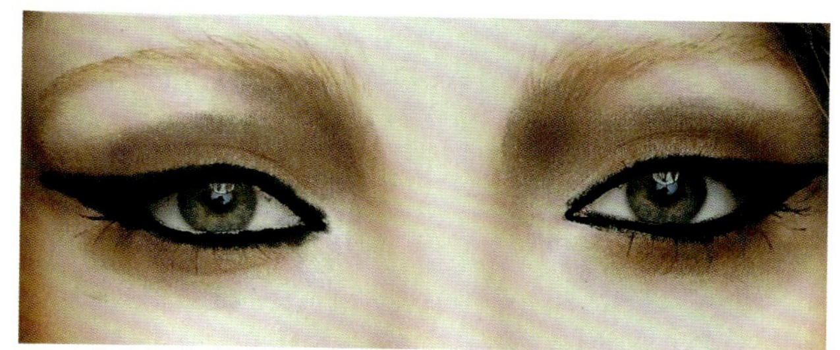

第四步

进一步用眼线笔将上眼线加深并延伸出上扬的眼尾。

第五步

将 MAC 眼影（Carbon）晕染于眼角处并与眼窝轮廓自然融合，同时加深眼睛内侧至眉下以及眼睛下部，使妆容更为明显清晰。

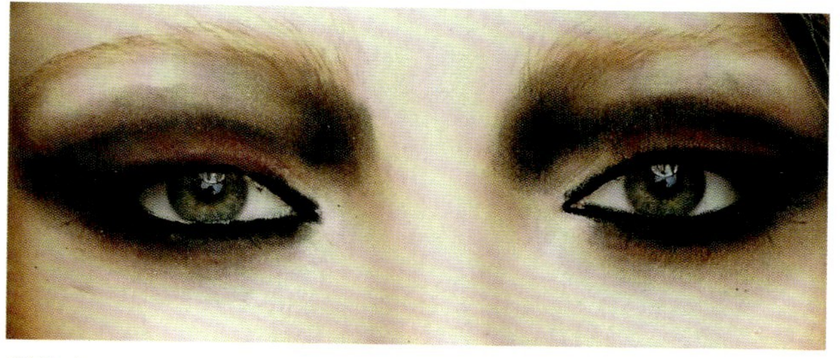

第六步

再刷 MAC 眼影（Plum Dressing）在眼皮中间，并轻扫晕染眼睛下部及眼窝处。

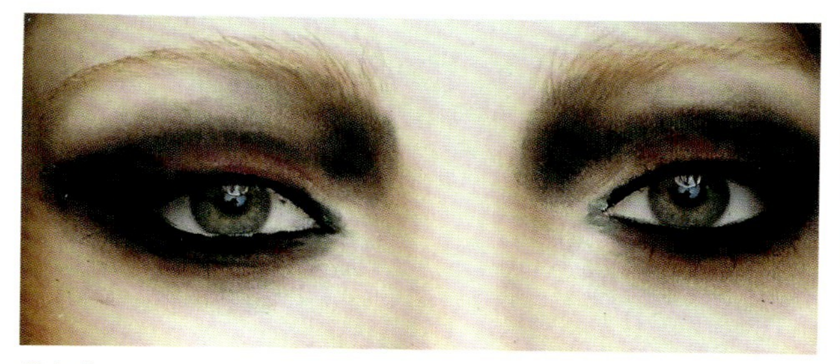

第七步

用黑色的 Lancome 艺术家防水眼线液进一步打造飞扬的上眼线，为睫毛涂上深黑色的 Yves Saint Laurent 惊艳持久防水睫毛膏。

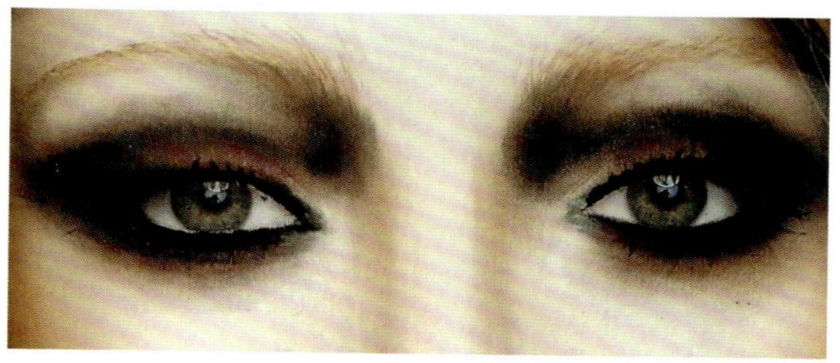

第八步

最后用 MAC 眼影（White Frost）提亮眼头，使用修容粉修饰眼角及颧骨，再以 NARS 丝绒迷雾唇膏笔完成整体妆容。

打造以雷诺阿油画为灵感的妆容

这是一款需要大量运用到软刷的造型，可以每一个笔触选用不同的颜色，没有什么对错或原则，只要能体现灵感的颜色都可以选用。

摄影：兰用 iphone 手机进行拍摄，步骤图则由罗洛（Lolo）完成

模特：克劳迪娅，@Premier 模特公司

第一步
在上眼皮至眼窝轮廓处刷上黄色的油彩。

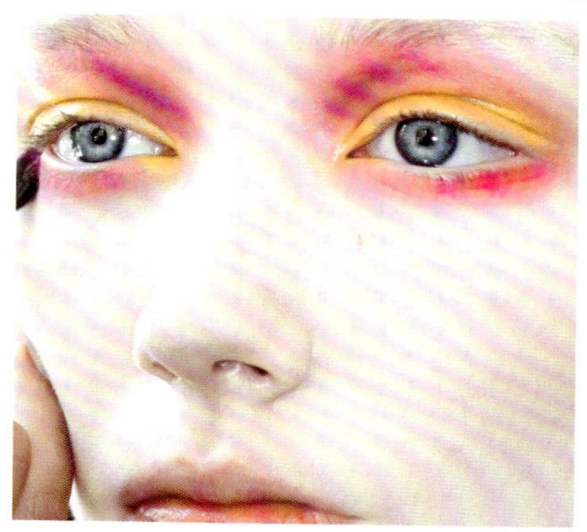

第二步
用软刷以画弧线的方式将荧光粉色刷涂于眼窝并晕染至眉毛上方，形成渐变的效果，并在下眼线处也刷上荧光粉色。

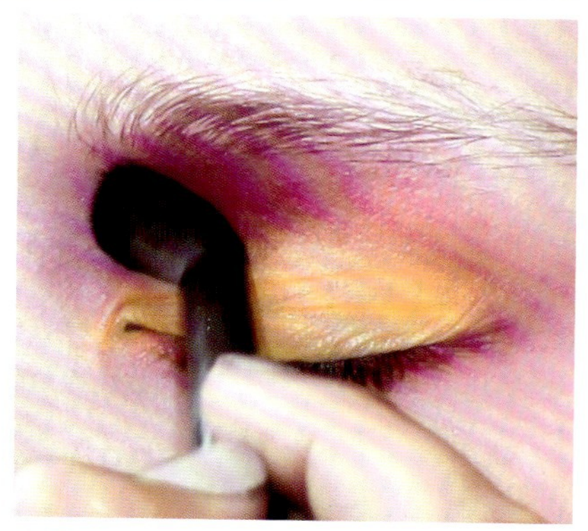

第三步
选择更深的颜色，比如紫色，叠加于内眼窝至眉毛处并将颜色从眉头处过渡到鼻翼两侧。

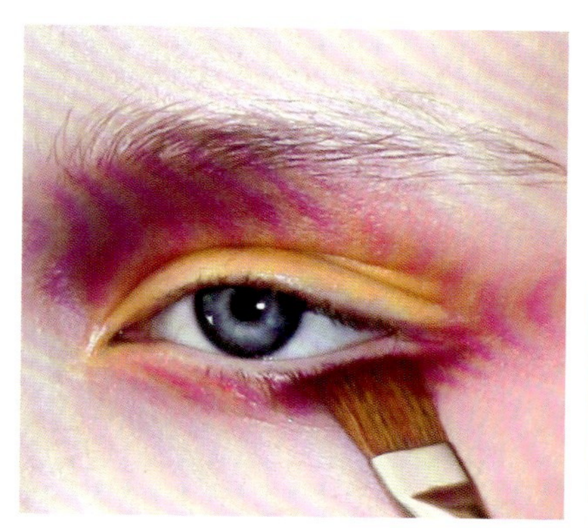

第四步
用同样的颜色加深下眼线下方。

第五步
将浅粉色刷在嘴唇及脸颊上，之后用大一些的刷具轻涂橘色的油彩在 T 字区以及脖子中间。

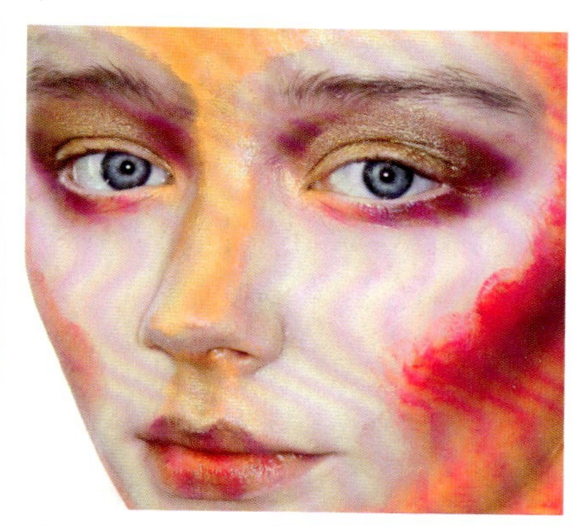

第六步
使用粉色及深紫色修饰脸部轮廓并与脸颊的色彩晕染融合，在眼皮上涂上黄色的油彩，并以金色的眼影胶或眼影粉进行点缀。

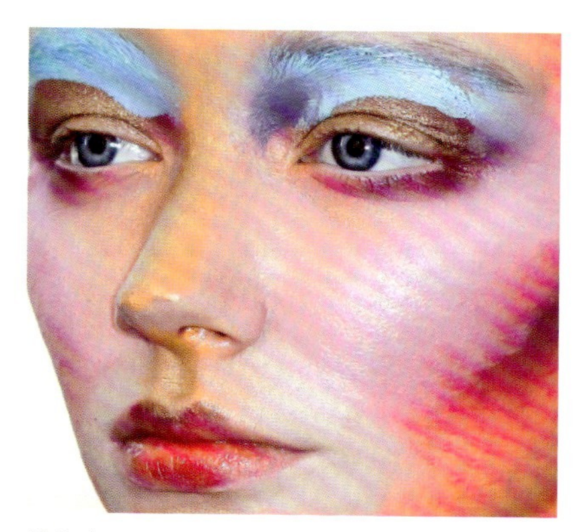

第七步
从鼻翼向眼窝内涂一层浅蓝色与紫色的油彩，在苹果肌上加上一层浅粉色，并在原有的唇色上加涂深粉色。

第八步
点涂珠光金或闪亮白色于内眼窝、眼皮中央以及鼻子下方，以进一步提亮。

第九步
黑色的油彩被用来描绘和晕染于外眼角下方，再混合以粉色、紫色和深蓝色，最后沿着发际线及脖子装饰金叶子，完成整体妆容。

打造以亨利·摩尔画作为灵感的几何图案妆容

打造不对称的几何妆容具有较高的难度，需要掌控好整体妆容的平衡性。化妆的过程没有局限性，只要处理好骨骼的高光效果与下巴线条的比例就可以使妆容拥有和谐完整的妆效，同时练习掌握色彩层次以及适度的用色也尤为重要。

摄影：卡米尔·桑森
发型：戴安娜·摩尔
模特：咪咪

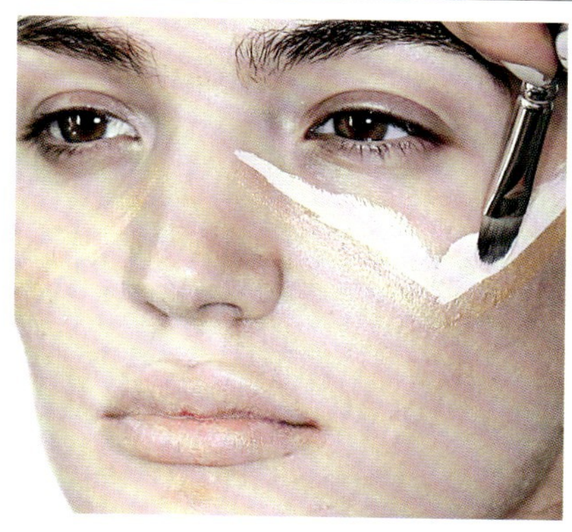

第一步

使用 Make Up For Ever12 色闪光彩盘中的白色，用化妆刷在鼻子、脸颊以及发际线之间画出一个“V”字形。

第二步

在所画的“V”字形下用金属色油彩平行地重现相同的线条图形，并在下巴中间描绘线条。

第三步

将 The Body Shop Color Crush 系列眼影（015 色号，Moonlight Kiss）晕染满整个眼窝，并逐渐晕染过眉毛。

第四步

再用 MAC 眼影（Bronze）晕染眼睛下部及眼窝处，加深眼影的边缘，运用同品牌眼影（White Frost 色号）提亮内眼角，此后再以白色油彩加以稳定。

第五步

在其他未上妆的区域用 MAC 全效遮瑕粉底（W10）进行打底，用同品牌眼影（White Frost 色号）突出颧骨部分，在此之上用有光泽的蜜粉提亮肤色。

第六步

用 MAC 眼线笔（Smolder 色号）勾画内眼线并晕染至睫毛线中。

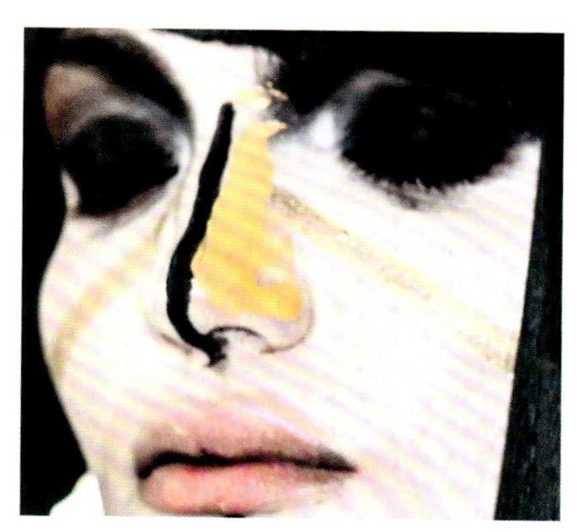

第七步

在鼻子中央用彩盘中的黑色油彩描绘出一条轮廓线。

第八步

选取同样的油彩勾勒出面部一侧下巴及下颌的线条。

第九步

将紫色、蓝色、黄色以及粉色的油彩以色块的形式涂在嘴唇、脸颊和眼部的阴影处，使整体妆容更为丰满，当然也可以添加更多的颜色来展现妆效。

后记
Afterword

我最初未曾想到自己会从事化妆事业而且能够坚持到现在，并保持一直喜爱。行业中的种种沉浮对我来说都是历练，正是这些经验让我可以变得更好，能够把握住更难得的机会改变自己的命运。在这段经历中我意识到并不是每个人都能像我所期待的那样，在我困难时伸来援手，也并不是每个人都期待着看到我的成功。有的人成功是因为不懈的努力，有的人是因为遇到伯乐，而有的人则是因为在对的时间抓住对的机遇。在我看来，最重要的就是积极地去追寻和把握机会，珍惜和感恩身边爱自己和支持自己的人。

虽然我也有过放弃的念头，但最终还是积极地迎接工作中的各种挑战，并从每一次挑战中学习成长。我很庆幸自己一直以来的坚持，否则我也没有机会在这里为大家讲述这段人生旅程。这份事业最有意思之处就是每天都是全新的，时刻都需要用尽全力展现自我。

我热衷于为各大秀场做造型。这份工作有着不小的挑战，需要顾及很多细节，秀场的服装都是提前几个月就进行设计、反复试穿修改，不断地研究以求展现出最前沿的时尚。在这里你不得不学会团队合作、遵守时间，因为总有很多烦琐的事情，如试穿、彩排、做发型美甲以及模特迟到。时装秀都是现场表演，容不得半点闪失，一切都需要稳妥而完美。因此，保持好的心态、拥有抗压能力是秀场化妆师必备的技能。然而，最后在 T 台上呈现的美丽会让你觉得一切都是值得的。

从各大秀场以及流行时尚中汲取灵感给我的创作提供极大的助力，我也将学到的技巧付诸实践。和摄影师的合作让我得到更多的进步和启发。灵感对于化妆师的工作极为重要，我有时也会拍下自己打造的妆容进行反复的揣摩和新的尝试。我真的很幸运，可以同很多与自己志同道合的人一起工作，并从他们身上学到很多，受益匪浅。同样，在我看来处理好工作关系、营造舒适的工作环境才能使大家更好地交流，让合作更好地发展。跟比自己优秀的人共事总是能有更多的收获，让自己更上一层楼。

和名人合作也是一项极大的挑战，这已经远远超出靠学习就能胜任的范围，这不仅仅是为一个默默无闻的模特打造造型的简单过程，所要面对的人不容你犯任何措手不及的错误。我喜欢为名人化妆。有时为了化妆的需要会全天候地按照他们的行程来工作，有时你也需要做一个好的倾听者或亲密的友人，自信自然、稳重可靠、一切如常地与他们相处。名人的化妆形象因为他们的名气而被全世界关注，因此，作为一名化妆师需要了解一切流行趋势，为顾客打造最前卫时髦的妆容。有些名人有自己专属的造型，需要化妆师根据其需求做一定的保留或调整。

涉及音乐或电影领域的妆容一般会耗时长，重复性高，而且团队合作和遵守时间都很重要。妆容完成后也需要时刻保持良好的妆效。特别是在电影拍摄中，有的角色的特效妆容需要至少六个小时来完成，所以化妆师需要熟悉哪些产品可以简单快速地完成妆效。此外还有很多需要注意的因素，例如，需要为很多人化妆，妆容又不能一成不变，外景拍摄的妆容需要考虑到天气条件，水下拍摄需要做好防护措施等。不少化妆师都有某方面的专长，而我则都喜欢尝试，也希望可以呈现更多、更有意思的妆容。

成为一名化妆师就意味着开启一份独立的事业，然而有些事情我一开始并未意识到。起初我只认为这是一份靠自己实践经验和所学技能就能完成的工作，并没有真正明白这是一份事业，我的名字就是自己的品牌。化妆师想要成功和发展需要导师和经纪人的帮助，他们会提供更多的工作机会和更多的机遇。被长期安排在幕后工作也许会让人忘记如何展现自我，不知会有如何的发展，这才是让人害怕的，但是也正是这份对未来的未知让人感受到兴奋与挑战。

拥有分辨美丑的审美、正确理解需求才能打造出适合而完美的妆容。化妆造型每一笔都是独特的、变化的，因此你可以教一个人精准的刻度，但是教不了一个人精确的妆容。每一个造型都是情感的表达，希望每个人都可以感受到那份美。

——葛芮丽斯・阮兰

致谢
Acknowledgements

我想感谢我的团队以及所有帮助我呈现书中作品的人。尤其是我的朋友、摄影师卡米尔·桑森：你从一开始就陪伴在我身边，见证我的成长，你对我的支持和帮助尤为可贵。我从你身上学习到很多，也正是你促使我成为一个更好的化妆师，可以拥有今天的能力来创作这本书。我真心感谢你陪伴我度过的人生旅程，并给我带来源源不断的灵感启发。

我想对凯瑟琳·哈勃以及卡尔·威利表达我诚挚的感谢，感谢你们对我想法的肯定和理解，即使有时我的创意很离谱。你们都是我的挚友。

此外还要感谢汉娜·凯恩，帮助我完成这本书。为更好地呈现书中的内容她多次与我沟通，启发我如何修辞，她对这本书的贡献是无价的。

同时，我还想感谢在我最困难的时刻陪伴在我身边鼓励我的朋友们，在你们的守护和鼓励下我度过最艰难的时刻。更要感谢我的父母，是他们让我追寻自己的梦想，做最真的自己，也要感谢我的兄弟姐妹，是他们在我的生活和工作中给予我充分的帮助和支持。

感谢沃尔弗拉姆·兰格（Wolfram Langer），多米尼克·兰格（Dominik Langer），娜丁·兰格（Nadine Langer），安·李（Ann Lee），维多利亚·李（Vitoria Lee）以及保罗·麦钱特（Paul Merchant）对我工作的信任以及肯定，感谢 krgolan 和 Charles Fox 品牌团队长期以来对我的帮助以及给予我的机会，没有这些就没有我今天的成绩。

感谢 Laurence King 出版社，特别是索菲·德赖斯代尔（Sophie Drysdale）以及盖纳·瑟蒙（Gaynor Sermon），是他们全心全意的付出赋予这本书生命。

最特别的感谢还要送给兰金，感谢他在百忙之中拨冗为我的这本书拍摄许多杰出的摄影作品并撰写序言。再向帕洛玛·菲丝（Paloma Faith）这位坚强的女人、时尚偶像致谢，感谢你为我的事业贡献出的智慧与支持。

还要感谢大家：加西亚，洛洛，派波·艾金斯，萨达·易卜拉欣·加尼，弗雷德里克松·大岛优子，因迪哥·罗勒，凯莉·门迪奥拉，叶莲娜·卡尼诺娃（Yelena Konnova），约恩·惠兰，凯利·怀特，艾丽莎·泰勒，杰·吉尔（Jay Gill），萨琳娜·戴维斯（Selina Davis），伊万娜·诺和尔，马克·伊斯莱克特，克莱尔·威尔金森，詹姆斯·兰根，乔斯·齐哈诺，池莉·萨托，Toni & Guy 全球创意总监萨夏·迈斯珂露·塔布克，卡洛斯·孔特雷拉斯，鲁阿·阿克恩，菲利斯·科恩，汉娜·马斯特兰奇，乔伊·比万，加里·纳恩，阿黛拉·佩特兰，路易斯·玛丽特，贾斯汀·史密斯，丹尼尔·丽思摩尔，威廉·坦皮斯特，杰西卡·邦珀斯（Jessica Bumpus），金贝莉·怀特，丹尼尔·桑德勒，蕾切尔·伍德，桑德拉·库克，利安娜·富勒尔，安伯·多伊尔，罗索拉，娜塔丽·加涅，爱卡塔·考特尼（Attracta Courtney），卡崔恩·斯特鲁普以及查尔斯·莫里亚蒂（Charles Moriarty）；Storm、Select、Nevs、Profile、MOT 和 Lenis 模特公司，露西·哈钦森（Lucy Hutchinson）为书中图片进行润色，还有各品牌公关长期以来用最好的产品来支持我的事业，包括佐伊·库克（Zoe Cook），莱斯利·奇伏斯（Lesley Chievers），克利斯蒂娜·阿瑞斯托姆（Christina Aristodemou）和琼·斯柯露娜（Jo Scicluna）。

最后我要深切的感谢我的丈夫——布兰登·格利尔利斯（Brendan Grealis），他永远是我最好的朋友和粉丝，试图一直保护我，给我勇气不畏前行地追寻自己的梦想。感恩在我的生命中有你和我们的宝贝女儿伊娃·玛丽（Eva Marie），你们是我最大的动力，我要将这本书送给你们。

资源

Resources

化妆艺术展会

IMATS（国际化妆艺术产品博览会）

全年举办的国际性展览

网址：www.imats.net

MADS（化妆艺术家设计展），在德国的杜塞尔多夫举办

网址：www.make-up-artist-show.com

奥林匹亚美容博览会，在英国伦敦举办

网址：www.olympiabeauty.co.uk

化妆乌托邦，在英国举办

网址：www.paintopiafestival.com

北欧专业化妆展会，在英国曼彻斯特举办

网址：www.professionalbeauty.co.uk

特效化妆展，在英国举办

网址：www.theprostheticsevent.co.uk

国际沙龙展，在英国举办

网址：www.salonexhibitions.co.uk

化妆艺术家联合博览会，在英国伦敦举办

网址：www.umae.co.uk

WBPF（世界人体彩绘艺术节），在德国举办

网址：www.bodypainting-festival.com

专业供应商

Specialist Suppliers

歌剧魅影时尚彩妆　网址：www.kryolan.com

查尔斯·福克斯时尚彩妆　网址：www.charlesfox.co.uk

明星脸时尚彩妆　网址：www.screenface.co.uk

化妆达人有限公司　网址：www.gurumakeupemporium.com

PAM 化妆珍宝有限公司　网址：www.preciousaboutmakeup.com

TILT 专业化妆网站　网址：www.tiltmakeup.com

鸣谢

Credits

作者及出版人希望可以对每一位为这本书做出贡献的人表示感谢，在摄影师与造型师完成书中每一个画面的同时还有他们的贡献：

P20 © 毕加索系列 /DACS 收录 / 伦敦 2015 年 / 白色映像 /Scala 收录

P42 © 阿尔伯特·贾柯梅蒂遗产 /(贾柯梅蒂基金会收藏于巴黎），由英国 ACS 及 DACS 颁发许可 / 伦敦 2015 年 / 布里奇曼图像

P66 © 20 世纪福克斯公司 /Kobal 收藏

P92 © 佛朗哥·佛基尼 / 盖蒂图片社

贡献者

Contributors

汉娜·凯恩（Hannah Kane），作家、编辑

兰金（Rankin），摄影师

卡米尔·桑森（Camille Sanson），摄影师

凯瑟琳·哈勃（Catherine Harbour），摄影师

卡尔·威利（Karl Willett），著名造型师

戴安娜·摩尔（Diana Moar），发型师

约翰·奥克利（John Oakley），摄影师

马克·坎特（Mark Cant），摄影师

加里·纳恩（Gary Nunn），摄影师

路易斯·玛丽特（Louis Mariette），定制帽饰设计师

贾斯汀·史密斯（Justin Smith），定制帽饰设计师

菲利斯·科恩（Phyllis Cohen），面部贴花装饰主理人